职业教育市场营销专业系列教材

U0240471

推销实务（第2版）

TUIXIAO SHIWU

◎ 主　编　陈　锐

◎ 副主编　丁　琳　聂红仙

◎ 参　编　张莹婷　刘　冶　周煜慧

重庆大学出版社

内容提要

本书是职业教育市场营销专业系列教材之一。本书在充分了解职业学校学生认知水平的基础上,结合新时代职业教育发展对课程体系和教学模式改革要求,坚持"以就业为导向,突出技能培养"的编写原则,体现推销工作的实践性、操作性和趣味性。

本书以推销工作流程为脉络,按照推销基本知识与原理、推销员能力与素质、推销工作流程与技能、推销工作管理与要求等模块结构进行学习认知与实践训练。全书以任务驱动为导向,根据各模块任务目标设计教学单元,用案例、学习借鉴、知识链接、故事等板块和图表作阅读指示,开展以教师调查和指导为条件、学生自主合作为主体、知识原理学习与实践训练并重的教学活动,旨在帮助学生构建推销业务工作程序与从事推销工作所需要的知识与能力,达到帮助学生锻炼岗位职业技能、提高综合素质的目的。任务检测配有参考答案,学生扫描二维码即可观看。

图书在版编目(CIP)数据

推销实务 / 陈锐主编. -- 2 版. -- 重庆:重庆大学出版社,2023.6
职业教育市场营销专业系列教材
ISBN 978-7-5624-5585-1

Ⅰ.①推… Ⅱ.①陈… Ⅲ.①推销—职业教育—教材
Ⅳ.①F713.3

中国版本图书馆 CIP 数据核字(2022)第 160258 号

职业教育市场营销专业系列教材
推销实务
(第 2 版)
主 编 陈 锐
副主编 丁 琳 聂红仙
策划编辑:沈 静
责任编辑:姜 凤 版式设计:沈 静
责任校对:王 倩 责任印制:张 策

*

重庆大学出版社出版发行
出版人:饶帮华
社址:重庆市沙坪坝区大学城西路 21 号
邮编:401331
电话:(023)88617190 88617185(中小学)
传真:(023)88617186 88617166
网址:http://www.cqup.com.cn
邮箱:fxk@cqup.com.cn(营销中心)
全国新华书店经销
重庆升光电力印务有限公司印刷

*

开本:787mm×1092mm 1/16 印张:10.25 字数:257 千
2010 年 8 月第 1 版 2023 年 6 月第 2 版 2023 年 6 月第 6 次印刷
ISBN 978-7-5624-5585-1 定价:39.00 元

第2版前言

一、编写理念

本书秉承"以就业为导向,以学生为主体"的编写理念,根据推销职业道德要求和行业规范,在充分了解职业学校学生认知水平的基础上,结合新时代职业教育发展对课程体系和教学模式改革的要求,在撰写过程中,渗透"职业道德与行业规范"相结合的职业素养培养理念,渗透"基础理论与技能实践"相结合的岗位流程学习,渗透"任务领衔与模拟演练"相结合的自主合作训练,学习并借鉴建构主义教学设计平台,设计情景教学与实践的章节内容,指导教师"导学",训练学生"悟学",使学科模式融入岗位模式,使学生职业生涯可持续发展。

二、内容特点

本书坚持"以就业为导向,突出技能培养"的编写原则,体现推销工作的实践性、操作性和趣味性。本书按照推销工作流程,结合课程目标,以任务驱动为导向,由学科课程模式转向岗位流程模式,设计知识点、案例与检测内容,包括学习、讨论、合作、模拟训练,涵盖推销工作流程,将职业道德、职业标兵和职业情感的示范性与标准嵌入其中,以解决实际问题为主导,组合知识与技能内容,易学易懂,可激发学生学习兴趣,促使学生完成学习任务。

三、教材结构

本书第2版保持第1版任务驱动布局,在重庆大学出版社的大力支持下,第2版更新、修订和完善了部分内容。本书按照推销工作流程要求,强调基本知识与技能,强调基本原理与方法,以推销工作流程为脉络,按照推销基本知识与原理、推销员能力与素质、推销工作流程与技能、推销工作管理与要求等模块结构进行编写,以各模块任务目标设计教学单元,用案例、学习借鉴、知识链接、故事等板块和图表作阅读指示,体现教材基础性、形象性和任务性特点。实践训练(任务检测)以情景模拟为平台,以教师调查和指导为条件,学生以自主合作为主体,完成学习任务。任务检测配有参考答案,学生扫描二维码即可观看。本书教学和学习内容排列趣味性强,学习训练梯度推进,语言描述简单明了,有利于巩固学习成果、提高职业素质和技能水平。

四、呈现形式

教材编撰形式多样,既包括规范的概念、原理,又包括活泼的案例、故事;既包括职业模范的经验,又包括自我认识;既包括传统的作业,又包括新颖的模拟表演。教材整体力图做到图文并茂、趣味性强、学习与训练配合有序、教学与实践特点鲜明。

五、编写团队

昆明幼儿师范高等专科学校陈锐担任本书主编,负责全书统筹、审稿、修改和编撰。昆明幼儿师范高等专科学校丁琳、聂红仙担任副主编,张莹婷、刘冶、周煜慧担任参编。在第2版教材内容更新、增补、修改和完善工作中,中青年教师团队得到了锻炼,完成了第2版编撰任务。

六、学习感谢

在编写、修订过程中,本书编者学习、参考和部分引用了国内外有关专家的文献、著作和研究成果,在此对原作者表示诚挚的谢意。在本书编写修订工作中,编者得到了重庆大学出版社和沈静编辑的大力支持和帮助,在此表示衷心的感谢。

由于编者水平有限,书中不足之处在所难免,敬请广大读者不吝赐教。

编 者

2022 年 4 月

推荐教学及训练课时如下:

教学时间分配表(推荐每周 3 课时)

任务	内 容	教学、训练时间分配		
		讲 授	训 练	课时合计
1	认识推销	3	1	4
2	推销心理与沟通	4	2	6
3	推销人员素质	4	2	6
4	寻找顾客	4	2	6
5	推销接近	6	2	8
6	推销洽谈	6	2	8
7	处理顾客异议	6	2	8
8	促成交易	6	2	8
9	推销员管理	4	2	6
学期总课时		60		

目 录

任务 1
认识推销

你知道什么是推销吗?
为什么推销对企业、
个人发展有着重要作用?

 教学目标

1. 认识推销,陈述推销的基本含义。

2. 把握推销的特点。

3. 理解推销的功能和作用。

4. 感悟推销的基本要素。

 学时建议

1. 知识学习 3 课时。

2. 案例学习、讨论 1 课时。

3. 现场观察学习 6 课时(业余自主学习)。

【导学案例】

乔·吉拉德是著名的汽车推销员,以在15年内共推销13 000多辆小汽车的惊人成绩被载入《吉尼斯世界大全》,被冠以"世界最伟大推销员"的称号。他连续12年平均每天销售6辆车所保持的世界汽车销售纪录,至今无人突破。那么,他是如何取得如此巨大成功的呢?

1. 热爱自己的职业

乔·吉拉德经常被人问起职业,很多人听到答案后会不屑一顾:"你是卖汽车的?"但乔·吉拉德并不理会:他就是一个销售员,他热爱他的工作。"就算你是挖地沟的,如果你喜欢,关别人什么事?"他曾问一个神情沮丧的人是做什么的,那人说自己是推销员。乔·吉拉德告诉对方,销售员不能是这种状态,如果你是医生,那你的病人一定遭殃了。

2. 微笑面对顾客

乔·吉拉德认为"笑可以增加面值"。他这样解释他富有感染力并为他带来财富的笑容:皱眉需要9块肌肉,而微笑,不仅用嘴、用眼睛,还要用手臂、用整个身体。因此,"当你微笑时,整个世界都在笑。"要推销自己,面部表情很重要:它可以拒人千里,也可以使陌生人立即成为朋友。微笑及言谈举止和衣着得体,为顾客提供周到、及时服务的诚心和爱心,是乔·吉拉德面对顾客的态度。

3. "服务、服务、再服务"的工作准则

乔·吉拉德提出"服务、服务、再服务"的工作准则,并自豪地说:"因为我坚信,每一个人都可能成为潜在买主,所以我热情接待我所遇见的每个顾客,以期培养他们的购买热情。请相信,热情总是会传染的。"

乔·吉拉德的销售额中,大约80%来自他的老主顾,绝大多数回头客在他的汽车销售店累计支出达几万美元。乔·吉拉德说:"销售的失败是没有任何借口的,可能一些人会觉得自己不适合做销售,自己天生就不是做销售员的料,一些人总挑剔公司的产品和产品的定价,其实这些都不是失败的借口,失败的原因是不够认真、不够努力。"

4. 真诚地关心、喜欢顾客

乔·吉拉德说:"不论你推销的东西是什么,最有效的办法就是让顾客相信你真心地喜欢他、关心他。"如果顾客对你抱有好感,你成交的希望就增加了。要使顾客相信你喜欢他、关心他,那你就必须了解顾客,搜集顾客的各种有关资料。""如果你想把东西卖给某人,你就应该尽自己的力量去搜集他与你生意有关的信息,不论你推销的东西是什么。如果你每天肯花一点时间来了解自己的顾客,做准备,铺道路,那么,你就不愁没有自己的顾客。"

5. 巧妙宣传、推销自己

人们都爱问乔·吉拉德同样一个问题:你是怎样卖出东西的? 乔·吉拉德认为,生意的机会遍布每一个细节。多年前,他就养成了一个习惯:只要碰到人,左手马上就会伸到口袋里拿名片。"给你一个选择:你可以留着这张名片,也可以扔掉它。如果留下,你知道我是干什么的、卖什么的,必要时可以与我联系。"所以,乔·吉拉德认为,推销的要点并非推销产品,而是推销自己。

6. 建立顾客服务系统

乔·吉拉德一再强调自己的推销"没有秘密",但他还是把他卖车的诀窍抖了出来。他把所有客户档案都储存进系统。他每月要发出1.6万张卡片,并且,无论顾客是否买他的车,只要接触,他都会让人们知道他是乔·吉拉德并记得他。他认为,这些卡片与垃圾邮件不同,它们充满爱,而他自己每天都在发出爱的信息。他创造的这套客户服务系统,被世界500强公司中许多公司采用。

看完这个案例,大家一定会被乔·吉拉德精湛的推销技巧折服,今天我们就从乔·吉拉德的经验开始学习推销的有关知识吧。

【学一学】

1.1 推销的含义

1.1.1 推销的概念

什么是推销?推销是在路上向路人递送传单,还是微笑着向顾客说"您买点什么?"

我们今天要学习的推销,是一门科学,它不仅要向顾客销售产品,而且要满足顾客情感和物质需要。推销不同商品时,推销特点不同。

在市场竞争日趋激烈的今天,产品销售已成为决定产品和企业兴衰成败的关键环节。推销作为一种特殊的销售方式,已成为销售产品和提供服务的重要手段,成为我们生活中不可缺少的重要内容。

1)广义的推销

在社会生活以及活动中,推销主体根据事前准备的营销规划,利用促销的技术和手段,说服、帮助现实或潜在顾客接受并购买特定推销客体,从而使推销客体和推销对象获得双赢,这个活动过程为广义的推销。推销既实现了物物交换,又实现了信息传递,还促进了推销客体心理发生变化。

2)狭义的推销

狭义的推销即人员推销,即推销主体与推销客体接触并将产品销售给客户的整个活动过程。

在市场经济条件下,推销无处不在。当走在街上,你可能会遇上向你发放机票订购信息、药品信息和小商品信息的推销员。从某种意义上讲,不同职业的人可以理解为不同类型的推销员:教师向学生推销知识与技能,演员向观众推销表演艺术,科学家向社会推销科学发明与技术,等等。可见,人人都可以运用推销来满足自己的需要。运用推销来实现自己的目标、能掌握推销技能的人,既能满足自己的需要,又能满足别人的需要,只有理解"事事推销,人人推销"的意义,才能双赢。

3)推销概念理解

①推销是推销人员与潜在顾客直接沟通、交往的行为活动。
②推销的环节由寻找顾客、顾客洽谈、处理异议、说服顾客、促进销售等构成。
③推销的目的是满足双方的需要、实现双赢。

4)传统推销与现代推销

(1)传统推销

在传统的销售模式下,以产品为导向,推销人员全凭个人经验,主动说服顾客,使其被动地接受产品,从而销售产品。与顾客形成这种关系后一般不会有二次交流机会。

(2)现代推销

现代推销是以满足消费者的利益和需求为中心的推销。前期综合各项信息市场调查数据,前瞻性地调查市场潜在需要,根据产品与服务,让推销客体认识到生产(生活)方式需要创新,主动寻求沟通,变传统被动接受为主动寻求,建立长期稳定的顾客关系。

【学习借鉴】

推销的历史和发展

推销是指推销人员通过帮助或说服等手段,促使顾客采取购买行为的活动过程。

推销的历史十分悠久。当人类社会第一次出现商品这个概念时,推销就应运而生了,它与商品同呼吸、共命运,可以这样说,推销伴随着商品产生而产生,并伴随着商品发展而发展,商品生产越发达,推销就越重要。

从我国来看,早在原始社会后期,物物交换就出现了。随着人类社会第三次大分工——商人出现,推销就成为专门的行当,那些专门从事商品交换的人,就是我们现在所说的职业推销员。我国专门从事交换的人最早出现在夏代,到了商代,交换则发展成为一种专门的行业,城市里出现了专门经营买卖的市场,商人为了推销商品,大声叫卖招徕生意。伟大诗人屈原曾在《天问》中写道:"师望在肆昌何识? 鼓刀扬声后何喜?"这是屈原记录的姜太公师望在朝歌这个城市贩卖肉食的传说。文中,"鼓刀"即屠宰,"扬声"是叫卖的意思。看来,姜太公可算是我国推销的鼻祖。春秋战国时期,商品生产和商品交换已成为经济生活的重要组成部分,商品推销活动广泛,既包括门市销售,也包括流动推销。如走街串巷的小商贩便是流动推销者。我国历史上著名的大商人如子贡、范蠡、计然、白圭等在这一时期产生,他们的成功经验,有力地推动了我国经商理论和推销理论的发展。到了北宋时期,商品生产和商品交换进一步发展,推销活动盛况空前。北宋著名画家张择端在《清明上河图》中生动地描述了这一壮观的景象。在国外,推销同样源远流长,尼罗河畔埃及商贩,丝绸之路上波斯商旅,地中海沿岸希腊船商和随军远征的罗马、阿拉伯、西班牙、葡萄牙、英国、法国商人,都曾对推销的发展作出了杰出的贡献。近代和现代,西方国家的推销发展步子迈得更大,一大批诸如哈默、吉拉德、松下幸之助、神谷正太郎等杰出的推销大师出现。从某种意义上说,资本主义的商品经济发展史,就是一部推销发展史。日本战后靠大力拓展国外市场迅猛发展。据资料表明,现今日本,平均每5个人中,从事推销工作的占1人。这一大批推销人员把日本产品推到了世界各地市场。可以说,没有这些推销人员就没有今天日本的经济繁荣。

正因为推销推动经济发展,所以本世纪以来推销越来越受各国重视,推销已由一门技术发展成为一门科学,各国出版了大量推销学著作,美国、日本、西欧都设有推销培训中心,日内瓦还设立了国际推销培训中心,连我国台湾和香港也相继办起了推销培训中心,这些培训中心造就了大批推销人才,有力地发展了推销理论与实践。由此可见,推销虽是一个十分古老的概念,但更是一门相当年轻的学问,今天仍焕发出蓬勃的青春活力。

(资料来源:刘文清.推销学全书[M].延吉:延边人民出版社,2004.)

1.1.2　推销的特点

推销活动是一项专门的技艺,主要依靠推销人员融知识、诚信、口才、能力等于一身,这就需要推销人员能针对不同顾客、不同产品、不同背景来运用多种推销技巧。从这个角度讲,推销千人千面,无标准模式。

1)主动性

推销活动主要依靠推销员。在实际工作中,推销员与顾客积极沟通、联系,将产品和服务信息介绍和推荐给顾客,激发顾客购买欲望,扩大产品销售,提高企业知名度。

2)针对性

在推销活动中,推销员首先寻找并确定谁是产品的潜在顾客,然后根据不同顾客的需要特点和产品特点来选定顾客范围,有针对性地介绍产品和进行洽谈。如儿童用品推销时大多选定年轻夫妇,化妆用品推销时选择女性顾客。如果不根据顾客和产品特点来沟通,效果将事倍功半,成功的可能性较小。

3)双向性

推销活动具有推销员与顾客双向交流的特点。在向顾客介绍产品时,推销员可以根据顾客的反应,根据顾客需要的信息、意见和要求及时调整策略。顾客也可以根据自己对产品或服务的需要,向推销员提出咨询。因此,推销活动是满足推销员和顾客双方需要的双向活动。

4)说服性

在推销活动中,说服顾客购买产品和接受服务是推销活动的重要环节。在现代推销观念中,"说服"应该成为满足顾客需求的形式、方法和手段。推销员要避免将说服作为最终推销目的,让顾客产生强买强卖的印象。真正的说服是在顾客体会到推销人员对顾客真诚关心的同时认可推销的产品和服务、乐于接受和购买产品,真正体现"说服"是推销的灵魂。

5)灵活性

虽然推销针对特定顾客,但随着市场环境变化以及顾客需要的增多或减少,推销活动也要顺应变化,灵活改变推销的手段、方法和策略。另外,不同类型顾客对推销的需要也是千差万别的,推销员不能只采用一种方式、一种手段、一种策略,而应该在推销接触过程中灵活与顾客洽谈,为促成交易活动提供有力保障。

6)互利性

互利互惠是现代推销活动的一个重要原则。一方面,推销员经过推销活动销售产品和服务,为企业增加经济效益。另一方面,顾客与推销员沟通、洽谈,购买能满足自己物质或精神等方面需要的产品和服务,实现双赢。而且在推销活动中,推销员可以及时掌握顾客需要的信息,将信息反馈到企业,为企业提供产品改进和创新发展等信息,为企业生产经营和销售决策提供指导。同时,推销员可以通过推销活动,引导顾客的消费意识和倾向,为顾客推荐新产品等。可以说,推销员起到了联结企业、市场、顾客三者的桥梁互利作用。

1.2　推销的功能与作用

1.2.1　推销的功能

推销员到底做什么?推销员要向顾客推销什么?有人会说:"我是推销化妆品的,请多多关照。""请问你需要校服吗?"等等。如果以这样的提问开始工作,推销人员不是被人拒绝,就是无显著的推销业绩。因此,我们必须清楚推销的功能是什么,这样的推销活动才不是盲目的。

1)提供商品信息

现代市场上产品品种繁多,产品更新速度较快,竞争较激烈,如果不及时向顾客提供产品信息和宣传资料,顾客就会因种类繁多而无所适从,没有购买欲望。因此,企业和推销员须向顾客提供信息和宣传资料,让顾客筛选他们需要的信息,为销售商品奠定基础。

推销人员向顾客传递的信息主要包括商品功能及使用效果、商品品牌地位、商品市场占有率、商品创新情况等。

2)介绍产品

顾客是否愿意购买商品,跟推销员能否详细介绍商品的性能、功能、使用情况有关,还同生产该产品的企业信誉、品牌声誉、市场占有率、市场竞争力有着密不可分的关系。另外,在与顾客沟通交流时,推销员也可以收集顾客对产品或企业的评价,以便及时掌握顾客需要。

在介绍商品时,推销员应详细介绍产品所有性能、质量和使用方法和用途,耐心细致地解答顾客对产品的咨询、疑虑。

😊"这是一款新的吸尘器,虽然功率比较大,但噪声不大,而且比老产品多了清理死角的吸尘头,将尘袋换成了环保型的,您可以多次使用,可以减少尘袋的开支。"推销员一边示范吸尘器的操作一边讲解,顾客一边听一边询问,双方经过沟通,顾客购买了吸尘器。

由此可见,介绍产品的过程就是推销员与顾客沟通的过程,是向顾客展示商品和解答疑问的过程。

3)市场信息反馈

在市场信息反馈中,推销员要本着实事求是的态度,耐心解答顾客疑虑,向顾客介绍产品、市场、企业等信息,有意识地宣传产品和企业形象,同时,反馈顾客提出的意见及建议至相关部门,为企业改进产品和销售服务提供信息来源。企业可以建立相应的规章制度,要求推销人员定期反馈市场信息,并对提供有效信息的推销员给予物质或精神奖励,使企业的市场信息反馈工作制度化、规范化和经常化。

☺推销员说:"经理,最近有部分顾客询问去年夏天我们卖的一款红色麻料连衣裙。他们都说,衣服的式样简单大方,正式场合也能穿,加上麻质衣物吸汗、穿起来比较舒服,我想建议再进几件这家公司的同类衣服,您看可以吗?"

4)销售产品提供服务

在推销活动中,推销人员应具备"销售的不一定是商品,可以是服务"的意识,服务工作到位,在售前、售中、售后服务中能满足顾客的需要,与顾客建立相互信任的关系,树立良好的企业、产品甚至推销员的个人形象。在为顾客提供售前服务时,推销员应该注意向顾客提供企业产品信息咨询、产品性能、使用功能培训等。在售中服务中,推销员应该热情、友好,向顾客介绍商品性能、付款送货方式,代办各种销售业务,提供方便,等等。在售后环节中,推销员应该向顾客提供安装、保修、包退、包换、维修、提供零配件、产品使用跟踪调查服务等,消除顾客的后顾之忧。推销人员提供服务,可以与顾客建立良好的信任关系,扩大企业和产品的影响,为开拓新市场、新产品奠定良好基础。

故事 1

老字号"大白兔"跨界营销,俘获了一大批年轻消费者

最近几年,大白兔在跨界营销方面频出新招,多次跨界合作,不仅增加了销售收入,而且扩大了品牌知名度,保持品牌年轻化。大白兔奶糖诞生于 1959 年。在 2018 年举办的"2018 第十二届中华老字号博览会"上,大白兔第一次跨界营销,与国产品牌美加净合作,推出美加净牌大白兔奶糖味润唇膏。虽然大白兔第一次试水,但这款唇膏受到了极大欢迎,成绩相当好,从此以后,大白兔走上了一条新的道路。回顾这几年,大白兔靠着铺天盖地的跨界产品爆红,联名款从香水、奶茶、身体乳到雪糕、沐浴露,一跃成为"国民流量老大哥",甚至 pk 掉了一众网红,成为食品界最强 IP 之一。

💡提示 **作为国民老字号,大白兔转型无疑是正确的。时代在变,消费者的需求也在变。只有将经典的品牌形象转换为大众中意的品牌并且将大众的情怀延续下去,企业才能保持青春和活力。**

1.2.2 推销的作用

在经济快速发展的今天,信息正飞速增长,根据信息来选择购买商品的顾客越来越多,在这里,推销起着对社会、企业和个人不可替代的作用。

1)社会作用

(1)推动社会经济发展和进步

在社会生产的生产、分配、流通和消费 4 个环节中,所有生产出来的产品都必须经历流通过程,这样消费者才能完成消费过程。推销的功能就是,完成产品从生产过程到消费过程的流通,使产品实现其价值和使用价值。可见,流通环节是联结生产和消费的桥梁和纽带,而推销是流通环节中必不可少的重要内容。

😊 当某种新产品上市后,许多顾客可能对新产品的功能并不了解,在介绍新产品时,推销员只有提出产品能满足人们新的需要,才能促进新产品生产流通。

（2）提供就业机会

随着我国市场经济发展,许多行业需要大量从事推销工作的人员,如保险业、证券业、房地产业等,而且推销人员的素质将随着推销业的日益壮大而提高。相关数据表明,推销行业在今后若干年仍是就业增长最快的行业之一,也是年轻人实现创业梦想的富有挑战的行业之一。

😊 相关数据表明,推销员已成为一个庞大的职业群体,中国当前从事推销职业的人数已接近5 000万人,推销员已成为具有挑战而且充满了光明前景的职业。

（3）发展科学技术

许多先进的发明创造,正是通过推销活动才被人们接受和享用的。在人们日益增长的物质需要面前,新技术、新产品层出不穷,而推销在其中的促进作用不言而喻。

😊 社会发展进步,层出不穷、日新月异的科学技术运用到我们的生活中,带给人们方便和幸福。如激光产品运用于美容,给人们带来美丽;新的纺织技术让人们穿上了轻薄、舒适的衣服等。而这恰是推销员将新技术、新产品推广到市场的结果。

2）企业作用

（1）获取经济效益

推销主体与推销客体沟通,客体可以了解产品的各方面信息,主体激发客体的购买欲望,促使其购买行为,避免产品堆积,加速资金的流通周转。

（2）构建信息沟通渠道

在商品推销过程中,推销主体不断地将顾客需求、市场变化等信息反馈给生产源,及时掌握市场需求的变化趋势,根据市场需求的变化、顾客所需,运用推销技巧,及时将产品及企业的信息传递给顾客,引导顾客购买。

（3）强化顾客忠诚度

在推销过程中,推销主体利用个人行为,使客体信赖企业或对企业产生好感,并促使这种情感向市场传播,从而赢得声誉,建立良好的形象。

故事2

美国经济学家福尔曼认为,企业最重要的成功因素是相同的,即"成功的公司比较了解顾客的要求"。他在分析39件化工新发明和33件科学仪器新产品时发现,在7件失败的化工新产品中,3件没征询使用单位的意见;在16件失败的科学仪器新产品中,7件没征询或很少征询特殊的使用者意见,4件忽视使用者的反映或误解使用者的意见,其余是缺乏实地考察使用者的技术造成的。因此,福尔曼说:"成功的公司比失败的公司重视市场,他们随着市场的要求,改良、创新产品,邀请使用者共同参与新产品开发。"

提示 很多经营有方的企业都把重视顾客要求、改造产品、增加新产品、不断提高经营管理水平放在第一位。"乐于被顾客牵着鼻子走",是一种企业获得顾客和经济效益的成功之路。

3）个人作用

（1）充分发挥个人能力,实现个人价值

推销员是公认的富有挑战性的职业,是较能体现自己能力的职业之一。推销工作具有独立、自主的特点,推销员要具有热情自信、真诚耐心、积极向上、勤劳乐观、大方宽容等品质,在工作中不断学习、积累,学会让别人接受自己、与人相处、保持冷静乐观的态度来面对别人的冷漠和拒绝等,学会推销技艺,为提升自己的素质服务,实现个人价值。

（2）推销工作是锻炼意志的职业之一

推销员要有百折不挠、坚持到底的精神,不畏惧失败,最后一刻也不放弃。在每次推销工作中,杰出的推销员不把赚钱作为唯一的推销目标,而是充分考虑顾客的需要,拥有丰富的商品知识、推销知识和顾客心理知识,执着热爱推销工作,坚持不懈地努力和学习,磨炼自身的意志,把工作做得更好。

（3）推销工作能锻炼口才和人际交往能力

有关资料表明,顾客购买商品尤其是选择产品牌子,在很大程度上取决于对推销员的好感。推销员将顾客的需要放在第一位,是与顾客沟通、交往的首要原则。在与顾客交往中,推销员用真诚的态度、诚恳的语气以及优雅的仪容仪表给顾客留下深刻印象,是达成推销的重要因素。因此,推销员要手勤、口勤、脚勤,写信件、发信函等问候顾客,与顾客电话联络感情,经常热心地拜访顾客,增进与新老顾客之间的感情,赢得成功。另外,推销员还应该勤学习、勤积累、勤实践,锻炼自己的表达能力和语言沟通能力,在与顾客沟通时,准确、自信地表达自己的知识和服务信息,达到推销的目的。

（4）推销是走向成功的较好途径之一

有人说："你想要创业吗？ 去做推销工作吧！ 你想获得成功吗？ 去做推销工作吧！"推销职业是公认的最具挑战性的职业之一。推销时,推销员要具备良好的身体素质,开朗、外向的性格,真诚、耐心的态度,熟悉商品和服务知识,掌握一定促进成交的技巧,在推销失败后,要有抗挫能力和积极向上的精神等。因此,在社会进步、经济发展、求职难度大的今天,推销充分发挥了人的潜力,推销是磨炼意志与情操的最好方式之一,也是人们走向事业成功的最好途径之一。

故事3

董明珠,珠海格力电器股份有限公司董事长兼总裁、2004 年中国十大营销人物之一、"世界十大最具影响力的华人女企业家"、"全球商界女强人 50 强"、"全球 100 位最佳CEO"、2013 年中国经济年度人物奖、2015 年《福布斯》亚洲商界权势女性、"2016 十大经济年度人物"、国家知识产权战略实施工作先进个人。她是当代励志人物,也是职场成功人士,是一位人称"铁娘子"的女性经济风云人物。

1990 年,36 岁的董明珠到了格力公司,要从一名基层业务员做起。不知营销为何物的董明珠却凭借坚毅和死缠烂打，40天追讨回前任留下的42万元债款，这成为营销界茶余饭后的经典励志故事。年轻的时候董明珠每天只睡5个钟头，据说现在董明珠也往往在睡眠或打盹时想问题，一有想法，半夜一两点，董明珠会起来，拿起本子就记下来，甚至半夜打电话给老总。靠着勤奋和诚恳，董明珠不断创造格力公司的销售神话，她的个人销售额，曾经飙升至3 650万元。她的许多营销绝招就是这样诞生的。

媒体采访过董明珠，问她对于职业女性的建议。董明珠说："女性在职场打拼，首先要会做人，什么叫做人？就是要尽职尽力，在自己的岗位上做到最好。很多人会说以后要当总经理，那不叫目标，而是一种私人的目的。在岗位要做得比别人都好，就是目标。每一次都做得比别人好，受到别人的尊重，由于尊重，职务就会变化。不为了职业目的去实现人生价值，只有这样才能成功。"

1.3 推销的基本要素

任何企业的推销活动都离不开推销人员、推销品和顾客，它们构成了推销活动的3个基本要素。推销人员是推销活动的主体，推销的产品或服务是推销活动的客体，顾客或购买者是推销活动的对象。推销活动就是推销员运用推销知识、经验和技巧来说服顾客接受商品购买的过程。因此，推销三要素是相辅相成的，是实现推销目标的重要保证。

1.3.1 推销主体

推销主体即推销人员，推销人员指主动向顾客销售商品、促进和扩大销售的主体，包括各类推销员。作为推销活动的主体，推销人员掌握推销主动权，是决定推销活动成败的最为关键的因素。如果把企业比作一列火车，那么，这列火车的行驶速度，将取决于推销员的敬业程度和综合素质。因此，优秀的推销员是企业良好形象的窗口，是企业产品和服务信息的传播者，是市场、产品、顾客之间的桥梁。

①按照推销能力水平划分：送货员、普通的推销员、推销专家。

②按照推销的方式划分：推销员、营业员。

③按照企业的性质划分：生产企业的推销人员、商业企业的推销人员。

④按照产品的性质划分：有形产品的推销人员、无形产品的推销人员。

推销员既然是企业实现经营目标的火车头，就要真诚对待顾客，成为顾客信赖的朋友，在具体工作中做好以下几方面工作。

1）展示良好的推销形象

在推销活动中，整洁的仪表、彬彬有礼的态度、亲切随和的谈吐、丰富的知识经验，都是推销员必备的素质，都将给顾客留下深刻的印象。推销员给顾客留下良好的印象，是推销员走近顾客，同顾客建立良好情感关系的第一步。

故事 4

小李是一家商学院的学生，他学习非常刻苦，成绩优秀，但家境贫寒，为了减轻父母的负担，他在课余时间为自己找了一份推销工作。

为了在顾客面前留下良好的印象,小李向他的同学借了一套名牌西服。高兴地穿上衣服后,他才发现:衣服太大了,极不合体。小李穿着这套衣服干了一个星期,没卖出一件商品,他觉得连顾客都知道衣服不是他的,一点都不自信。

于是,他换上了自己的那套干净的运动服,带着青春朝气和学生的纯朴自信走上了推销之路。一个月以后,小李有了自己的固定顾客,赚到了学费,还给父母买了衣物。

2)树立意识,满足顾客需要

在推销活动中,了解顾客需要,帮助顾客解决问题,满足顾客需要,及时传递销售商品和服务的信息,是推销工作的任务。因此,树立意识满足顾客需要,是推销员完成推销任务的关键。

故事 5

我们都知道小品《卖拐》,被推销者本身是没有买拐杖的需求的,瘸子才需要拐杖,后来被忽悠,对拐杖产生了需求,当然,忽悠不是应该有的商业行为,引用这个例子只想表达消费者需求是可创造的。

再举一个例子,我们熟悉的益达口香糖广告词"饭后来两粒",从牙齿健康的角度出发,给消费者创造了保护牙齿的需求。

再比如,耐克可以提供一双世界上独一无二的耐克鞋,顾客可以直接登录耐克的官方网站,轻点鼠标挑选一系列"制鞋零件"。经过一段时间顾客就收到了耐克公司邮寄的一双自己设计的、世界上独一无二的耐克鞋! 耐克公司将一双完整鞋子拆分为散件,并且使顾客通过互联网自由搭配组合,顾客个性化需求就能满足。

3)掌握推销知识和技能

现在市场环境中,随着商品更新换代的速度加快,新产品层出不穷,加上顾客的需要不断增加,推销员在工作中需要不断学习,掌握商品知识及使用方法,以便在推销活动中以丰富的专业知识向顾客介绍。推销员要不断总结推销的技能和经验,在看似平淡无奇、很难出成绩的推销工作中,总结适合自己的方法和技巧,为工作服务。

故事 6

意大利的菲尔·劳伦斯开办了一家 7 岁儿童商店,经营的商品全是 7 岁左右儿童吃、穿、看、玩的用品。商店规定:进店的顾客必须是 7 岁的儿童,大人进店必须有 7 岁儿童做伴,否则谢绝入内,即使是当地官员也不例外。商店的这一招不仅没有减少生意,反而有效地吸引了顾客。一些带着 7 岁儿童的家长进门,想看看里面到底"卖的什么药",而一些身带其他年龄孩子的家长也谎称孩子 7 岁,进店选购商品,菲尔的生意越做越红火。后来,菲尔又开设了 20 多家类似的商店,如新婚青年商店、老年人商店、孕妇商店、妇女商店等。由于妇女商店谢绝男顾客入内,因此不少过路女性很感兴趣,少不得进店看一看。孕妇可以进孕妇商店,但一般无孕妇女不得进孕妇商店。戴眼镜商店只接待戴眼镜的顾客,其他人只得望门兴叹。左撇子商店只提供各种左撇子专用商品,但绝不反对人们冒充左撇子。这些限制顾客的做法,都达到了促进销售的效果。

4）具备职业道德和素质

一般来说，推销人员应具有专业的推销技巧、良好的职业道德、坚定的自信心、乐观的情绪、顽强的意志；企业要维系老顾客，创造新顾客；推销人员向企业传递当前市场变化信息，并向顾客准确表述企业及其产品文化和理念；产品推销任务完成情况是衡量推销人员工作业绩的重要指标；推销人员有义务向推销客体提供全方位服务。

1.3.2　推销客体

所谓推销品，是指推销人员向顾客推销的各种有形与无形商品的总称，包括商品、服务和观念。从现代营销学角度来说，推销员向顾客推销的是整体产品，而不仅仅是具有特定物质形态和用途的物体。产品的整体概念由3个基本层次构成，即核心产品、形式产品和附加产品。

☺汽车的整体产品概念，由核心产品汽车实体、形式产品汽车品牌、内饰以及附加产品汽车维修服务3个部分构成。

1）核心产品

核心产品指产品给顾客带来的实际效用和利益，即产品的使用价值，产品的用途、功能、效用等，是满足顾客需要的核心。

☺顾客购买电视机，不仅仅为了获得电视机这个物体，还为了观看电视节目、实现娱乐、获取知识和信息。顾客购买汽车，不是为了获得汽车这个物体，而是为了解决自己出行方便、解决出行问题、体验驾车旅行的乐趣等。

可见核心产品是顾客实际利益的核心，说明了产品的实质。

2）形式产品

形式产品是指产品的形式结构和外貌，包括产品的质量、形状、外观、着色、商标、包装等，是核心产品的表现形式。

☺在购买电视机时，人们不只考虑电视机能否播放图像和声音，还要考虑电视机的牌子、外观、造型、图像着色、音质等。形式产品虽然一般不涉及产品的实质，但如果与实质相互协调一致，就会给顾客带来各种心理上的满足，促进销售。很多时候，顾客比较产品形式，做出购买决策。

3）附加产品

附加产品，又称延伸产品，指顾客购买产品时获得的附加利益和服务，包括信贷、送货、安装、培训、维修等。在现代市场经济环境中，"销售的不一定是产品，可能是服务"，顾客购买的不仅仅包括有形的产品，还包括使用产品时所带来的实惠、方便和放心。

☺顾客购买了电视机，肯定希望公司能将产品送货上门、调试。如果电视机出现问题，顾客希望一个电话使维修人员立即赶到。这样的产品才能使顾客放心使用，使顾客无后顾之忧。

因此，推销员销售的不仅仅是产品本身，而且必须是产品整体概念所反映的全部内容，这样才能满足顾客购买产品所带来的物质、心理及精神上的各种需要。随着市场经济不断发展、科学技术不断进步，推销员必须十分清楚产品 3 个层次的整体概念，清晰了解竞争产品，对自己推销的产品质量、功能、价格等建立自信，在推销产品时，有的放矢，向顾客介绍产品，赋予产品内涵与个性，真正满足顾客的需要。

故事 7

在激烈的市场竞争中，海尔所追求的是设计个性化、使用简单化和最佳的售后服务。例如，在日本肯定会成为笑谈的"洗红薯兼洗衣机"的故事就是海尔的创意和研发以及售后服务的体现。1996 年，四川省一农民投诉海尔洗衣机排水管堵塞问题。上门服务的海尔技术人员发现这是由于当地农民用洗衣机洗红薯，红薯上的淤泥堵塞了洗衣机的排水管。经调查，海尔发现，四川省是红薯产地，当地很多人都用洗衣机来洗红薯，如果开发出一种可以兼用作洗红薯的洗衣机，该机器也许会在当地畅销。于是 1997 年海尔开始研究开发，1998 年 4 月推出了面向农民家庭的全功能洗衣机，该机器可洗涤红薯、苹果和贝类，投入市场后不久，海尔公司就飞速卖出了 1 万台。

提示 海尔重视产品整体概念的研发，才诞生了"洗红薯兼洗衣机"这种适应市场需要的产品。不断创造新产品，突破极限，已成为海尔发展的重要战略，是海尔成功的秘诀之一。

1.3.3　推销对象

推销商品时，顾客是推销人员的目标与对象，包括各类准顾客、经常购买者和购买决策者。

根据购买目的，可将推销对象分为消费者和组织购买者。

①消费者：为满足自身或家庭需要而购买产品或服务的个人。

②组织购买者：为了维持经营活动、向社会提供服务而购买产品或服务的各种组织。

在推销过程中，推销员要满足顾客的需要，就要分析当代顾客的需要。

1）产品需要

顾客的产品需要包括了解产品的功能、质量和价格等。在买卖过程中，大多数顾客都希望以较低价格获得较高性能及高质量的产品，这是顾客对产品最基本的要求，在一般情况下，多数顾客仍以产品质量和价格作为主要的购买依据。

2）服务需要

随着生活水平提高和购买力能力增强，人们在关注产品本身的同时，十分关注产品的送货上门、安装、调试、培训、维修、退换货等服务保证。

3）体验需要

随着旅游、学习培训、互联网等行业发展，人们消费观念进入到了体验时代，在购买产品时，顾客希望得到如试用、品尝等体验享受。如，购买住房时参观样板房，购买汽车时试驾几千米,等等。这种体验,使得顾客在购买产品的同时,产生一种美好的心理感受。这是在购买产品或单一服务时不能体会到的,是较高层次的需要。

4)关系需要

在购买产品享受舒适的服务和愉快的体验基础上,若顾客能与推销员结交成朋友、扩大自己的人际关系网络、实现与推销员之间的尊重认同,这是双赢的效果,也是推销成功的关键因素之一。

5)成功需要

顾客购买某种产品或服务,有时是为了证明自己有能力消费,从某种意义上说还包括了自己内心成功的高层次需求。推销员不能只盯住顾客购买产品,更重要的是识别和把握购买产品时顾客的内在高层次需要。因此,帮助顾客解决产品或服务问题,让顾客真切感受产品的效果并体会到成功的愉快,才能真正使顾客满意。

在购买产品时,不同顾客的购买需要、购买行为、购买能力可能是不尽相同的,但都可能存在上述 5 方面需要。在具体工作中,推销员要运用自己所学的知识和经验,认真识别和判断顾客的需要,成功推销。

故事 8

在松下幸之助未建立起电器王国之前,他就有了重视消费者权益及售后服务经营理念。他在公司成立了"顾客抱怨中心",处理一切有关顾客不满的事宜。

松下幸之助的"顾客抱怨中心"由他自己主持,并不像一般企业只用来打发不满的顾客。每个星期六下午和星期日上午,他在公司内等候秘书安排的顾客,和他们面对面沟通,听取他们的不满和建议。

对此,公司内部许多人不理解,认为他小题大做。然而,松下却另有见解,他认为,这样做至少包括以下几点意义:第一,公司的负责人亲自面对不满的顾客,至少让顾客感到被尊重,同时证明企业的诚意;第二,从面对面沟通中,获知顾客的需要点和认知度,这种消费信息可作改善产品的依据,更提供了新产品的构想;第三,顾客的意见,经董事长下达至公司的各部门,各部门不敢掉以轻心,如此一来,市场情况和消费者意见直接被传达给所有部门,直接提高经营效率,也更合理。松下幸之助说:"好话谁不会听? 可是好话对于企业有什么好处呢? 我这样做的目的就是听难听话,只有多听难听话,才知道我们商品的缺点何在,方能真正知道消费者心目中理想的商品是什么,才有助于我们进步和发展。"

提示 能够将顾客的各种需要用"顾客抱怨中心"来实现,是松下幸之助能开创电器王国的主要原因。

【做一做】

一、经典案例阅读

在刚买完车的最初一段时间里,斯蒂文对新车的状况很满意。这时一位汽车推销员介绍了一种性能更好的奥迪车,斯蒂文想都没想就回绝了。

一次偶然机会,斯蒂文开了同事新买的新款奥迪车,感觉棒极了。之后,斯蒂文在开自己的车时总觉得汽车引擎有轻微的响声,并且喷漆处隐约有划痕。这虽然让他有点恼火,但他觉得还不值得重新买车。

不知不觉中,斯蒂文对这辆车的不满越来越多,但他还是觉得没有必要购买新车。

终于有一天,斯蒂文的汽车出现了严重问题。让他吃惊的是,那个向他推销奥迪车的推销员又出现了,并且非常清楚斯蒂文汽车的毛病。1个月后,斯蒂文开上了推销员热情推荐、相当棒的新款奥迪车。

（资料来源:彦博.推销员必读[M].北京:中国商业出版社,2008.）

思考推销员应重点关注哪些?

二、实践训练

[目的]

实地观察,认识推销的功能程序和推销的作用;理解和体会推销三要素。

[内容]

认识和理解推销的特点、功能、推销品、顾客、推销员。

[参与人员要求]

1.任课老师选择实地观察地点、安排活动以及与企业沟通。

2.学生按8~10人分组,每组选组长及记录员各1名,组长和记录员组织和记录实地观察活动。

[实地观察步骤]

1.教师组织学生安全教育,并将活动计划报告至学校相关部门。

2.联系实地观察企业,请企业销售人员简介推销工作情况,重点放在认识推销人员、推销品和顾客上。

3.在实地观察中,分组与企业销售人员沟通学习,做记录。

4.撰写调查心得体会。

5.各组实训小结。

[认识和体会]

认识推销的特点和功能,将自己置身于推销员位置,认识和体会推销三要素的内容,树立推销无处不在、一切从顾客需要出发的推销意识,以期帮助今后工作。

【任务回顾】

学习本任务,我们初步掌握了推销的含义特点、功能和作用。通过实地观察,了解和体会了推销员、推销品、顾客在推销活动中的地位,学习如何协调三者的关系。将自己置身于推销员角色来认识推销,体会推销是以顾客为导向的沟通交流和实现需要双赢的活动过程。

【名词速查】

1. 广义的推销:在社会生活以及活动中,推销主体根据事前准备的营销规划,利用促销的技术和手段,说服、帮助现实或潜在顾客接受并购买特定推销客体,从而使推销客体和推销对象获得双赢。推销既实现了物物交换,又达到信息传递以及促进推销客体的心理变化的目的。

2. 狭义的推销:狭义的推销即人员推销,即推销主体与推销客体接触并将产品销售给客户的整个活动过程。

3. 推销人员:推销人员指主动向顾客销售商品、促进和扩大销售的主体,包括各类推销员。

4. 推销品:指推销人员向顾客推销的各种有形与无形商品的总称,包括商品、服务和观念。

5. 顾客:顾客是推销商品时推销人员的目标与对象,包括各类准顾客、经常购买者和购买决策者。

【任务检测】

一、单选题

1. 推销活动的最终目的是(　　　)。
   A. 把商品卖出去　　　　　　　　B. 说服顾客购买
   C. 为顾客服务　　　　　　　　　D. 促进产品销售和满足顾客需要

2. 决定推销活动成败最关键的因素是(　　　)。
   A. 推销员　　　B. 推销品　　　C. 顾客　　　D. 服务

3. 推销工作应满足(　　　)的需要。
   A. 推销员　　　B. 顾客　　　C. 企业　　　D. 推销员与顾客

4. (　　　)部门是企业的窗口,通过它,企业可以获得顾客的相关需求信息。
   A. 推销　　　B. 生产　　　C. 服务　　　D. 维修

二、多选题

1. 推销活动是一项专门的技艺,需要推销员综合知识、诚信和能力等来完成,这项技艺的特点包括(　　　)。
   A. 主动性　　　B. 针对性　　　C. 互利性　　　D. 双向性
   E. 说服性　　　F. 灵活性

2. 推销的功能包括(　　　)。
   A. 提供产品信息　B. 介绍产品　　C. 反馈市场信息　D. 销售产品和提供服务

3. 推销活动离不开推销的主体、客体和对象,他们构成了推销活动的3个基本要素。这3个基本要素是(　　　)。
   A. 推销人员　　　B. 推销品　　　C. 产品　　　D. 顾客
   E. 消费者

4. 产品的整体概念指（　　　）。

    A. 核心产品   B. 主要产品   C. 形式产品   D. 延伸产品

5. 推销员只有认真研究顾客的需要，才能做好推销工作。顾客需要研究的内容包括（　　　）。

    A. 产品需要   B. 服务需要   C. 体验需要   D. 关系需要

    E. 成功需要

三、判断题

1. 产品销售是推销的唯一目标。（　　　）

2. 在推销工作中，我们应以顾客为导向。（　　　）

3. 推销活动由推销主体、推销客体、推销对象 3 个要素组成，他们之间是相辅相成的。（　　　）

4. 满足顾客实际利益、说明产品实质的是形式产品。（　　　）

5. 推销活动是引导消费、加强企业管理、促进个人发展的重要手段。（　　　）

四、思考题

1. 如何理解推销的概念？

2. 推销活动有哪些特点？

3. 如何理解"推销首先要推销自己"这句话？

任务 1　任务检测
参考答案

任务 2
推销心理与沟通

面对形形色色的顾客时,推销人员心态如何? 顾客心理状态又如何呢? 本章将带领大家一同探讨推销心理。

 教学目标

1. 明确推销心理的特征。

2. 认识推销员的职业心理。

3. 分析顾客的心理。

4. 了解推销沟通的作用。

5. 量体裁衣,有针对性地推销。

 学时建议

1. 知识学习 4 课时。

2. 案例学习讨论 2 课时。

3. 现场观察学习 6 课时(业余自主学习)。

【导学案例】

一位美国人在杭州西湖旅游,不上导游安排的大型机动船,自己租了一条具有江南水乡特色的白篷船。他悠然地坐在船上,一边品着刚沏好的龙井茶,一边欣赏"三潭印月""平湖秋月"等西湖美景。白篷船由苏堤到白堤,一路上,他听着摇橹声,沉浸在西湖的湖光山色中,他认为他度过了最快乐、最美好的一天。

提示　这位美国人来西湖是为了体验东方的异国情调的,只有坐在具有江南水乡特色的白篷船上,他才能找到西湖的感觉。

无论我们推销什么产品、做什么事,了解顾客心理,按照顾客意愿与顾客沟通,做正确的事,正确地做事,分析顾客心理、掌握与顾客沟通的方式方法是我们获得推销成功的重要途径。

【学一学】

2.1　推销心理的特征与分类

推销活动中,推销心理是客观现实在推销员与顾客头脑中的反映。

2.1.1　推销心理的特征

推销心理指在推销过程中推销员与顾客发生的一系列极其复杂、微妙的心理活动。在推销活动中,推销员和顾客会根据各自的需求和想法采取不同态度。这些态度可以决定成交的数量甚至交易的成败。具体表现在 4 个方面。

1) 互动性

因为推销是推销员与顾客相互切磋、较量、斗智斗勇的过程,是相互了解、相互沟通的过程。所以,推销的心理具有相互性。

2) 趋同性

在推销的过程中,推销员与顾客双方为达到某种目的而努力,最终达成一致意见或完成交易,这一过程是利益趋同过程。

3) 差异性

在推销过程中,推销员与顾客双方达成一致意见或完成交易是利益趋同过程。反之,如果双方最终不能达成一致意见或不能完成交易,而根据自己的需求产生了一系列极其复杂、微妙的心理活动,采取不同态度,就体现了推销心理的差异性。

4) 不对等性

在推销的过程中,推销员与顾客相互感受不同,在一定程度上形成了最终利益、心理上的不对等性。

2.1.2 推销心理分类

根据主体不同,推销心理分为推销员心理和顾客心理。

1）推销员心理

销售工作是一项很辛苦且备受考验的工作,很多推销员的体会是一个字:难! 在推销工作中,推销人员的心理素质直接决定了他们的职业前途和销售的数量。推销员是否了解自己的职业心理状态,对提高其推销心理素质非常重要。推销员要快速地达到销售巅峰,除了了解现代推销工作的规则外,还需要不断学习专业销售技巧,接受众多推销活动和不同类型顾客的考验。

（1）推销员的心理素质和职业能力

一般来讲,推销员需要具备容忍、毅力、幽默等心理素质。

在情感品质方面,推销员自身须具有美感、理智感和道德感;具有为了实现预定目的而自觉努力的意志品质,包括自觉性、果断性、坚毅性和自制力;具有人们通常所说的智力,包括观察能力、记忆能力、注意能力、思维能力、想象能力、判断能力、表达能力和应变能力等。除此之外,推销员还应具备一些特殊能力,如音乐欣赏能力、色彩鉴别能力等。

（2）推销员的职业心理

推销员的健康心态是取得成功的金钥匙。心态即"心商",是维持心理健康、调试心理压力、保持良好心理状况和活力的能力,是人们思维的习惯状态、人生情绪和意志的遥控器,它决定人生的方向和质量,是服务之基、成功之根。

知识链接

心商（Mental Intelligence Quotient, MQ）:维持心理健康、缓解心理压力、保持良好心理状况和活力的能力。联合国世界卫生组织规定心理健康为心理和社会适应能力等方面的健全与最佳状态。高 MQ 包含和谐的人际关系、正确的自我评价和情绪体验及热爱生活、正视现实、人格完整等。与 EQ 和 IQ 一样,如今 MQ 也担当主角,成为高素质人才的重要考核指标。

大多数成功的推销员都性格开朗、乐观向上、积极进取、自信心强、个性品格良好、多问好学、谦逊亲和、工作勤勉、礼貌诚实、责任心强、善于自我激励等,这些职业心理所形成的高度的敬业精神,将促使推销员不畏艰难困苦,获得成功。

思考:如何提高推销人员的心理素质?

2）顾客心理

常言道:顾客是上帝。你没有掌握"上帝"的心理,如何面对市场? 反之,如果推销员能准确地把握顾客的心理,知道顾客的购买动机,并适时地刺激他的购买欲望,就可使顾客愉快地掏钱购买产品。

顾客心理是顾客在接受推销品过程中对推销活动、推销品、推销人员的心理反应。

（1）顾客购买的心理活动过程

顾客心理活动过程包括认知—情绪—意志—购后感受4个阶段。

①顾客认知过程，简单地说，就是顾客对商品认识、知道、记得以及留下印象的过程，是通过顾客对商品的感觉、知觉、注意、记忆、思维和想象等心理活动来完成的，分为感性认知阶段和理性认知阶段。

感性认知阶段包括感觉和知觉两阶段，顾客通过感官来接受商品的各种不同信息，对商品个别属性形成心理反应。比如，商品的颜色、大小、形状、气味、粗细、软硬、冷热和结构等，使顾客产生诸如新颖、名贵、美观、鲜美和悦耳等感觉。顾客再通过意识整理和综合商品的感觉材料，在头脑中进一步反映商品的整体，即商品的各种属性的综合。这就是知觉过程。

理性认知阶段包括记忆、思维、想象等一系列复杂的心理活动，是推理、判断、抽象、比较、综合分析感知过的商品的过程。

②顾客的情绪过程是在认识客观事物的过程中，顾客对客观事物的某种态度的体验和感受。

顾客情绪的产生和需要变化受以下因素影响。A. 购买环境；B. 商品自身；C. 个人情绪；D. 社会情感。

③顾客的意志过程指顾客自觉地确定目标、支配行动、克服困难、实现需求的心理倾向。

在行动方面，顾客意志有时表现为积极购买，有时则表现为抑制或拒绝购买。此过程一般分为3个阶段，即作出购买决定、执行购买决定、体验执行效果。

④购后感受过程是购买商品之后顾客亲自使用或通过其他人员对该商品评价、重新评价所购买的商品、加深认识、产生购后感受。

（2）顾客的需要与购买动机

产生购买心理的前提表现为顾客需要，也就是顾客有愿望、意向和兴趣。需要是人的行为的原动力或内部驱动力，是推销的基石。

①需要层次的内容。根据美国心理学家马斯洛对人的需要所做的理论分析，人的需要分为5个层次，如图2-1所示。

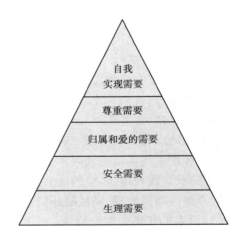

图2-1　马斯洛需要层次示意图

生理需要（Physiological Need）：生理需要指满足个体生存所必需的一切物质方面需要。如空气、水、食物、睡眠、休息、排泄等。生理需要是人类最基本、最低层次的需要，并在所有需要中占绝对优势。当生理需要满足时，它就不再成为个体行为的动力，就会产生更高层次的需要。

安全需要（Safety Need）：安全需要含生理上的安全感与心理上的安全感两层意思。前者指个体需要处于生理上的安全状态，以防身体上的伤害或生活受到威胁。后者则指个体需要一种心理上的安全感觉，如职业安全、未来保障安全等。

归属与爱的需要（Belongingness and Love Need）：一个人要求与其他人建立感情的联系

或关系。社交需要应用例如人们积极社交、结交朋友、追求爱情。

尊重的需要(Esteem Need)：尊重具有双层含义，即自尊，视自己为一个有价值的人；被他人尊敬，被他人认同及重视，使得自己更有能力，更有创造力。尊重的需要得到满足，个体就独立、坚强、自信及有成就感等，否则就会产生自卑、软弱、无助的感觉。

自我实现的需要(Self -Actualization Need)：自我实现的需要指个体充分发挥自己的潜能并实现自己在工作、学习及生活上的愿望、理想和抱负的需要。个体能从中得到满足，并使之完善。

马斯洛需要层次理论对推销工作的启发如下。

A. 人们存在着不同层次的需要，那么也就存在着不同层次产品的需要。推销员要做的就是分析整理不同顾客需要，以找到挖掘顾客潜在需求的方式、方法，达到推销产品或服务的目的。

B. 具有不同需要层次内容的人，会有不同购买与消费内容，在不同时间、地点，所购买的产品就有所不同。

C. 企业应重视管理顾客的需要，尤其重视创造顾客的需求，为推销工作奠定赖以生存和发展的基础。

D. 推销人员应注意确定推销对象的主要需要，了解推销对象的需要层次及其具体特点，把推销任务建立在满足顾客需要的基础上。

☺ 现代很多顾客的需要已从了解"你的产品是什么"转移到"你的产品能让我快乐吗"。可见，每个顾客购买产品的目的并不与产品表面所提供的功能匹配，而是这些产品能否获得心理上的愉悦。如，买车时，许多人除了用作代步工具外，更看重汽车给予他们的舒适、安全、荣耀的感受以及体现身份、成就和自信等价值观念，这是推销员了解顾客需要的重要目的。

②顾客的购买动机。顾客的任何一种行动都是有目的的，这个目的便是动机。购买动机是直接驱使顾客实行某种购买活动的内部动力，反映了顾客在心理、精神和感情上的需求，实质上是顾客为达到需求采取购买行为的驱动力和诱因。

☺ 在生活中，我们每个人都想得到快乐，想拥有漂亮的东西，满足自尊心，对各种各样的商品具有表现欲、占有欲和好奇心，购买时会因为受推销员的言语、行动所刺激而变得冲动，会因所熟识的人都已拥有某一商品而心动……这些表现便是购买动机。

使顾客产生购买动机的因素很多，在一般情况下，包括追求实用、安全、健康的物质性购买动机，追求自我表现、名望的社会性购买动机，追求便利的购买动机，追求廉价、美感、好胜攀比的心理性购买动机，满足嗜好的购买动机等。

（3）顾客的气质类型与特征

故事 1

一天，财主和官员在树林散步，突然遇到天降大雪，于是，他们来到山角一个洞里，不一会儿，来了一个书生和一个农民，四人大眼瞪小眼，很是尴尬，书生建议大家来对诗，无人反对，于是，他说了第一句："大雪纷纷坠落。"官员想歌颂皇室，就道："尽显皇家锐气。"财主心想下雪与不下雪对他都没什么影响，也不多思考，开口就说："再下三降可好？"农民一听，觉得再下三降庄稼都会被冻死，自己得喝西北风，于是急了，破口道："放你妈的狗屁！"从表面看,这只是一个笑话,但从心理学角度而言,这个故事蕴涵着 4 个人的不同气质特征和行为习惯。

提示 书生是多血质,官员是黏液质,财主是胆汁质,农民是抑郁质。

①气质的概念。气质指个性心理活动进行的速度、强度、稳定性和指向性,是人的个性心理特征之一,是心理活动的动力特征。气质与人的心理活动无直接联系,但它影响心理活动的表现形式。不同气质的人可以有相同的心理活动,但由于气质不同,他们对于同样的心理活动采取的具体表现形式是不同的。

A.气质没有好坏之分。

B.气质类型不能决定一个人的社会价值和事业成就,也不直接具有社会道德评价含义。

C.气质能帮人客观、正确地了解、认识自己,气质并不是自己所说出来的,而是自己长久的内在修养平衡以及文化修养的一种结合,是持之以恒的结果。明确自己的优劣势,有针对性地发扬优势,弥补不足。

D.了解不同气质类型的特点,针对不同气质类型的人采取不同交际方式。

②气质的类型与特征。因为不同气质类型的人表现出的个性特点截然不同,所以,在企业组织中,与具有不同气质类型的人的沟通须讲究技巧。希波克拉底的气质类型说将人的个性分为胆汁质、多血质、黏液质、抑郁质。

胆汁质——急躁

胆汁质的人反应速度快,具有较高的反应性与主动性。这类人情感和行为动作产生得迅速而且强烈,有极明显的外部表现;性情开朗、热情、坦率,但脾气暴躁、好争论;易感情用事;精力旺盛,经常以极大热情从事工作,但有时缺乏耐心;思维具有一定灵活性,但理解问题时粗枝大叶、不求甚解;意志坚强、果断勇敢,注意力稳定而集中但难于转移;行动利落敏捷,说话速度快且声音洪亮。俗称"直肠子",属急躁型的人。

代表人物:李白、晴雯、张飞、李逵。

多血质——活泼

多血质的人活泼好动,富于生气,善于情理并重,重感情而易接受他人劝说。易于产生情感,但体验不深;善于结交朋友,容易适应新的环境;语言具有表达力和感染力,有明显的外倾性特点;机智灵敏,思维灵活,但常对问题不求甚解;注意力与兴趣易于转移,不稳定;在意志力方面缺乏忍耐性,毅力不强。俗称"三天打鱼,两天晒网",属朝三暮四饶舌型的人。

代表人物:王熙凤、韦小宝、孙悟空。

黏液质——冷静

黏液质的人沉着冷静,情感和行为动作迟缓、稳定、缺乏灵活性;这类人很少产生激情,遇到不愉快的事也不动声色,坚毅,执拗,淡漠;注意力稳定、持久,难转移;思维灵活性较差,但比较细致,喜欢沉思;做事规律性强,对自己的行为自制力较强,办事谨慎细致,从不鲁莽,但对新的工作较难适应。俗称"老古板"。

代表人物:诸葛亮、林冲、鲁迅、薛宝钗。

抑郁质——沉默

抑郁质的人柔弱易倦,情感和行为动作进行得都相当缓慢,且隐晦而不外露,易受挫折,易多愁善感;但富于想象,聪明且观察力敏锐,善于观察他人观察不到的细微事物,敏感性高,思维深刻;在意志方面常胆小怕事、优柔寡断,受到挫折后常心神不安,但对力所能及的工作表现出坚忍;不善交往,较为孤僻,具有明显的内倾性,俗称"林妹妹"。属沉默寡言型的人。

☺代表人物:林黛玉。

不同气质的顾客,所表现的消费需求不同。了解顾客气质,是为了帮助推销员在实际工作中有针对性地与顾客沟通,这是推销员必须具备的职业能力。

【学习借鉴】

消费心理学

消费心理学是一门新兴学科,研究人们在生活消费过程和日常购买行为中的心理活动规律及个性心理特征。消费心理学是消费经济学的组成部分。研究消费心理,对于消费者,可提高消费效益;对于经营者,可提高经营效益。中国人民大学舆论研究所参与完成的调查统计显示,各类人群及各年龄段人群消费心理特点如下。

女性花钱爱算计:女性中,花钱特别仔细的占12.4%,比较仔细的占49.8%,花钱不太仔细的占20.7%,花钱很不仔细的占2.9%,不一定的占14.2%。

年龄越大手越紧:40岁以上年龄段消费者花钱都"比较仔细",并且表现为年龄越大越仔细。其中,60岁以上的消费者近乎"特别仔细"。相对而言,20~29岁的消费者花钱最不仔细。

学历越高,职位越高,花钱越不仔细:一般说来,大专以上学历的人们消费比较"大方",而高中及以下文化程度的群体消费特征为"比较仔细"。

从消费者职业和身份特征上分析,花钱最细的要数离休人员,其次,依次是农民、军人、企业职工、科教文卫人员。花钱相对最不仔细的是私营业主、个体劳动者、企业管理人员、高校学生。

当今十大消费心理趋势:求实、求廉、求美,荣誉、舒适、安全,好胜、好奇、好癖。求实、舒适、安全反映消费者对理想商品的基本要求,而要吸引高消费人群的眼球,需在美、新、奇等方面下功夫。

消费者购物"看脸谱":购买时装、化妆品时,青年女营业员受顾客欢迎,不仅因为她们更懂行,而且还可以当场示范。而选购家用电器时,青年男营业员受欢迎,一般消费者认为男青年应该对电器内行,而且他们的动手操作能力强。另外,中年女营业员因生活经验丰富、性情友善、注重待人接物等,最受消费者信任。买童装、食品、一般生活用品时,人们都喜欢请她们当参谋,而且她们整体服务态度好,所以上商店找"商嫂"已成为许多消费者选择营业员的取向。

2.2 推销沟通

我们分析推销心理是为了沟通,因为只有在了解推销员和顾客的心理基础上,我们的推销工作才会有的放矢,事半功倍。

2.2.1　推销沟通的概念和作用

1）推销沟通的概念

沟通,即信息交流,是信息传递或交换的过程。推销是买卖产品与服务的沟通过程,推销可以通过通信工具,如电报、传真,向顾客传递信息;也可以是推销员与顾客交流信息。我们通常指的推销沟通属于人际沟通范畴,即推销员在分析自己与顾客交流的基础上与顾客交流信息,诱发顾客的购买欲望,使顾客接受推销意见和建议的过程。

2）推销沟通的过程

人际沟通是人与人之间信息传递。包括交换意见、情感、思考等,借助语言、文字、表情、手势、符号等来传达。沟通是复杂的,有时候你即使一言不发,也可以透过服装、仪表、眼神、表情、动作等传递信息。如一位推销员,穿着合体、整洁的服装,面带微笑,站在商场里,顾客已经认定了他的角色,知道购买商品时可以到他那儿去寻找帮助。这说明,推销沟通不仅包括传递信息内容,也包括判断信息的意义。

推销沟通过程主要包括以下 3 个阶段。

（1）发出产品或服务信息

如顾客购买电视机时,推销员向顾客介绍电视机的功能、规格与价格等。

（2）接收产品或服务信息

如,顾客向推销员询问电视机的使用情况等信息。

（3）反馈产品或服务信息

发送者通过反馈,了解自己想传递的信息是否被对方准确无误地接受或被拒绝。如顾客需要推销员详细介绍电视机的价格、维修细节等。

推销沟通过程的几个环节如下。

①准备工作。一是确认沟通目标和所要达到的效果,有目的地沟通;二是进入沟通,切入主题;三是了解各方情况,做准备。

②找准沟通角度。对于曾接触过的客户,可由上一次沟通的话题承接下去,或谈及上一次的感受,切入本次沟通目的。对于首次接触的客户,一是可结合需要目的提出问题,引导需求;二是结合时效热点、习惯、生活环境等,与客户打开谈话;三是直接与客户就目标话题洽谈、沟通。

③阐述目标话题。可通过切入话题、说明沟通目的、分析功效 3 个层面开展。

④异议处理。一是建立异议分类;二是定位问题,以提供解决方案。

⑤达成一致或再考虑。一是在基本完成前面流程的同时,及时与客户达成一致,阐述售后服务;二是在以上流程走完后,判断客户的状态,若客户有疑虑,须进一步沟通,待下一次促进完成。

3）推销沟通的作用

需求是推销的基石,是人类活动的原动力,但有的处于沉睡状态,只有被激发、唤醒,人们才会有所行动。推销人员可以唤醒这种需求,变潜在需求为现实需求,变负需求为正需求,变无需求为有需求……

①知已知彼,更好地发现顾客的需求,使利益最大化。

故事 2

有两家卖粥的小店,两家店每天的顾客相差不多,都川流不息。然而,结算的时候,左边这家总比右边的店铺多出了百十元来。天天如此。

于是,我走进了右边那个粥店。服务员微笑着把我迎进去给我盛好一碗粥。问我:"加不加鸡蛋?"我说:"加。"于是她给我加了一个鸡蛋。每进来一个顾客服务员都要问:"加不加鸡蛋?"有加的,也有不加的,此类情况大概各占一半。

我又走进左边那个小店。服务员同样微笑着接待我,给我盛好一碗粥。问我:"加一个鸡蛋,还是加两个鸡蛋?"我笑了,说:"加一个。"再进来一个顾客,服务员又问:"加一个鸡蛋还是加两个鸡蛋?"一天下来,左边的小店就要比右边的小店多卖出很多鸡蛋。

②推销沟通可以创造顾客的需求。

故事 3

驼鹿与防毒面具

一个推销员以能够卖出任何东西而出名,他已经卖给牙医一把牙刷,卖给面包师一个面包,卖给瞎子一台电视,但他的朋友对他说:"如果你能卖给驼鹿一个防毒面具,你才算是一个真正优秀的推销员。"于是,这位推销员不远千里来到北方,那里是一片只有驼鹿居住的森林,"您好。"他对驼鹿说,"现在每个人都应有一个防毒面具。""真遗憾,可我并不需要。""您稍候,"推销员说,"您已经需要一个防毒面具了。"说着他便在驼鹿居住的森林中央建造了一个工厂。"你真的发疯了。"他的朋友说道。"不然,我只是想卖给驼鹿一个防毒面具。"工厂建成后,许多有毒废气从大烟囱中滚滚而出,不久,驼鹿就来到推销员处,对推销员说:"现在我需要一个防毒面具了。""这正是我想要的。"推销员说,卖给了驼鹿一个防毒面具。"真是好东西啊!"推销员兴奋地说。驼鹿说:"别的驼鹿同样需要防毒面具,你还有吗?""你真走运,我还有成千上万个。""可是,你的工厂里面生产什么呢?"驼鹿好奇地问。"防毒面具。"推销员兴奋而又简洁地回答。

思考 聪明的你从这个故事中得到什么启示?

③顾客可能向你提出有益的建议,沟通可以集思广益。

故事 4

一家饭店的老板近来为推出新菜式愁眉苦脸,厨师们冥思苦想,还是不见效果。这天,女儿放学回家见老爸仍然愁眉不展,知其原因,便大笑起来:"原来就这么点小事?""小事?小孩儿不懂。""厨师不好吗?""不是!""那就更简单!""哎!""爸爸,直接问客人不就行了""当然,不能直接问,您要问客人对本饭店的菜式是否满意?需要什么改进?还需要什么其他服务?这样不就行了吗?"真是一语惊醒梦中人,老板根据女儿的提示,制作了一份问卷调查,分析问卷调查,不仅不断推出新菜式,而且提高了服务质量,饭店生意越来越红火。

④推销沟通摆脱习惯性思维束缚,准确地掌握顾客心理。

故事5

冬天来临,大雪纷飞,美国冰商杰克的冰激凌还很多没卖出去,杰克十分着急。杰克想来想去,突然灵机一动,想到了一个好点子,他叫妻子炒了很多豌豆仁并分成许多小包装在口袋里。之后,他背着口袋跑到马戏团、剧院的入口处,赠送给进门的观众炒熟的豌豆仁。人们边看戏边吃不花钱的豌豆仁,自然很高兴、很舒畅。在演出休息时,突然跑进来一群卖冰糕、冰激凌的小孩儿。人们刚吃完豌豆仁,喉头干得冒火,一见冰糕、冰激凌,纷纷购买。一连5天,杰克的上万支冰糕、冰激凌全部卖完。连免费的豌豆仁的钱在内,杰克不仅没有亏本,反而赚了大钱。

提示 在市场营销中,善于开拓市场的人往往善于创造出新的市场需求。创业、做生意时,自然要生产和销售适销对路的产品,尽量满足顾客的需求,但如果墨守成规,不去创造新的市场需求,那么就很容易使自己陷入经营的窘境。因此,聪明的经营者总在保住现有市场的情况下,力求创造新需求。

2.2.2 推销沟通中须注意的问题

1)明白推销沟通重要性,正确对待沟通

有效沟通可以发现顾客的需求甚至创造需求,使各方利益最大化。因此,我们要正确对待沟通,有针对、有明确目的地与顾客沟通。在沟通中,推销员必须根据不同类型的顾客心理和性格来认真总结推销活动,沟通的内容应准确,不能模棱两可,提供的信息要真实有效,将顾客的需要放在第一位,否则,就达不到信息传递或交换的目的,甚至造成误解,浪费双方的时间。

2)有耐心,才会有效率

在沟通过程中,要注意询问,要学会"听"顾客的意见和建议,表明对顾客的意见或建议的重视程度,从顾客的角度出发,真诚、耐心地关心顾客的需要,赢得顾客的信任,开展有利于推销目的的沟通。针对性格急躁的顾客时,更是要耐心细致,不要随意插话、点评和搬弄是非,当心"祸从口出",稍有不慎就会引起顾客反感。

3)注意有效信息采集,把握成交时机

沟通过程是推销员与顾客面对面交流的过程,在产品信息交流中,包含着一定情感交流。不同性格的顾客所传递的需要信息有所不同,推销员要善于捕捉顾客信息,有的放矢与顾客沟通。推销员在沟通过程中,当与顾客有了一些共同的兴趣爱好或者在聊到孩子、工作、服装、娱乐等话题有了共鸣时,沟通的信息有效,推销员应及时把握这些信息,促成推销活动进一步发展。

思考 在沟通过程中,煮熟的鸭子会飞了吗? 沟通双方各自的心理状态如何?

4)与不同气质类型的顾客推销沟通

犹如故事1,一句很简单的话会引来农民那么大的反响。一些平时在你看来很正常、很普通的一些习惯和动作,在别的人那里就那么排斥而不可理喻。其实,在一定程度上,就是因为你们的气质类型和行为表现形式不同而已。因此,推销员针对不同顾客的气质类型来沟通是十分必要的。

(1)针对胆汁质型顾客——少绕弯子

如果"直肠子"遇到一位慢吞吞的推销员,那么,此人可能在盛怒之下拂袖而去! 所以,如果遇到了脾气暴躁的人,推销员一定要尽力配合他。也就是语速快一点,动作利落一点,介绍商品要突出重点,细节可省略。因为这种人下决心很快。

(2)针对多血质型顾客——以情动人

多血质型顾客很容易沟通交流,但要他做最后的决定则是一件很困难的事。因为多血质的人很喜欢说话,一谈起来就天南海北聊个没完。这时,推销员不能任由他一直讲下去,必须很巧妙地将话题引到推销事务上。但是,推销员一定要保持很亲切、诚恳的态度,否则他便会认为推销员不尊重他。在与多血质顾客打交道的过程中,推销员不妨站在顾客的角度,反复介绍,使之心动,因为这种类型顾客大多心地善良、富有同情心、善于替对方着想,所以在向多血质型顾客推销时应牢记"以情动人"推销宗旨。

(3)针对黏液质型顾客——以理动人

黏液质型顾客喜欢知道各种细微末节,所以,推销员必须认真答复他所提出的各项问题,不可以心慌,也不可以存有心机,一定要多从理性角度去介绍产品和强调购买利益,多采用暗示方法,但要尊重顾客选择,不可过于啰唆,绝不要多管闲事提许多意见,以免导致相反效果。

(4)针对抑郁质型顾客——多说多做

抑郁质型顾客因沉默寡言,往往会因考虑过多购买后果而做不出决定,但又不愿询问和请教。所以,推销员不仅要反复正面介绍和展示,而且应考虑其可能存在的顾虑,在介绍过程中为其一一解答。不应该强迫不爱说话的人说话,应该顺着他的性格轻声细语。需要注意的是,抑郁质型顾客容易受挫,所以只能提一些容易回答的问题,不要将提问复杂化,以免顾客增加心理负担。总之,一定要让抑郁质型顾客认为推销员所说的、所做的一切都是为了帮助他。

思考 你是否可以根据各种气质类型特征,合理搭配和选择成员,以有利于团队成员优势互补、弥补不足、取得的更好沟通效果呢?

【做一做】

一、经典案例阅读

有这么一个人,当年他只是一个建筑工地的普通打工者,一场培训改变了他的一生。他摇身一变,成为国际集团的董事长,他现在每年出席全球上百场演讲会,向全世界梦想获得巨大成功的人们传授知识,分享自己毕生的成功经验,被公认为"销售冠军的缔造者"。他就是世界第一销售培训大师汤姆·霍普金斯!汤姆·霍普金斯(Tom Hopkins)大学辍学,在建筑工地扛钢筋为生。不过,他相信世上一定会有更好的谋生手段,并开始尝试销售。

他是全世界单年内销售房屋最多的地产业务员,平均每天卖一幢房子,3年内赚到3 000万美元,27岁成为千万富翁。至今,汤姆·霍普金斯仍是吉尼斯世界纪录的保持人。

那时,JBR地产公司刚刚在洛杉矶西北部临近铁路的地方开发出一片住宅区。这片住宅区房屋共250幢,数年之后,18幢房屋还没售出,卖不出去的原因就在于距离这批房屋2英里远处的围墙之外便是铁路,24小时之内火车会经过3次。

开发商曾经多次拒绝了汤姆·霍普金斯提出的担任此批房屋经纪人的请求。开发商说:"你一定是要我降价出售这批房子,这是你们这些房屋经纪人最常做的事。"汤姆·霍普金斯说:"不!相反地,我建议你抬高售价。还有一点,我会在这个月底之前将整批房子卖出去。"

汤姆·霍普金斯的计划是房屋经纪商只在火车驶过的那个时候带客人参观代售房屋,引起人们的好奇心,并建议在展示的房屋前面挂上一个牌子,在牌子上面写:"此房屋拥有非凡之处,敬请参观。"另外,还应当把每栋房子的价格提高250美元,然后用这笔钱为每户买一台彩色电视机。在每次"参观"开始之后5~7分钟,火车就会从罗斯利路旁隆隆驶过。这样,在火车隆隆驶来之前,汤姆·霍普金斯只有几分钟时间向买主们推销。

"想象一下你和你的家人坐在这里观看电视的情形。"汤姆·霍普金斯说,接着便停下来,等待由远而近的火车隆隆驶过。在这段90秒的时间里,每个人都很清楚地听到了火车的声音。"各位,我要让你们知道,火车一天经过这里3次,每次90秒钟,也就是说,在一天24小时中,你们有4分半钟的时间要忍受噪声的困扰。"汤姆·霍普金斯叙述这个事实,"现在,请问你们自己愿意忍受这点小噪声——当然会习惯噪声——来换得住在这栋美丽的房子中并且拥有一台全新的彩色电视机吗?"就这样,3周之后,18幢房子全部售出。

思考1. 推销员推销的思路是什么?

2. 推销过程中顾客的心理变化如何?

3. 沟通过程中推销员如何有效推销?

二、课堂训练

[目的]

通过课堂训练,认识、掌握顾客心理对推销的作用;理解和体会推销心理;体会推销沟通的作用及注意问题。

[内容]

认识和理解推销心理、推销沟通。

[参与人员要求]

1. 教师选择认识推销心理和推销沟通的相关案例,并组织学习讨论,安排模拟小品表演活动。

2.学生按4~6人分组。根据学习讨论案例的情况,组长安排编写小品小剧本,设计场景、情节、台词,安排扮演角色。

[课堂训练步骤]

1.采用现场表演形式开展活动。

2.教师与学生代表组成评委会,根据各组表演情况对以下项目评分。

小 组	剧本(20分)	组织(30分)	表演(30分)	合作(20分)	得 分
第一组					
第二组					
第三组					
第四组					
第五组					

3.教师及学生代表现场点评表演活动。

4.学生撰写书面表演体会,教师书面评价、批改。

[认识和体会]

通过对认真认识推销心理及沟通课堂演练,将自己置身于推销员位置,了解推销心理的重要性,认真总结,培养与人沟通和认识顾客的意识。

【任务回顾】

通过学习本任务,认识、理解了推销心理、气质类型与特征,初步掌握沟通的含义和作用。通过实地演练,再次了解和体会推销活动中推销员、推销品、顾客三要素的地位,将自己置身于推销员位置来认识推销心理与顾客沟通。

【名词速查】

1.购买动机:购买动机是直接驱使消费者实施某种购买活动的一种内部动力,反映了消费者在心理、精神和感情上的需求,实质上,是消费者为达到需求目标所采取购买行为的驱动力和诱因。

2.气质:气质指个性心理活动进行的速度、强度、稳定性和指向性,是人的个性心理特征之一,是心理活动的动力特征。

3.推销沟通:我们通常指的推销沟通属于人际沟通范畴,即在分析自己与顾客交流的基础上推销员与顾客交流信息、诱发顾客的购买欲望、说服顾客接受推销意见和建议的过程。

【任务检测】

一、单选题

1. 掌握顾客心理的最好方法是(　　　)。
　　A. 看相　　　　　B. 占卜　　　　　C. 沟通　　　　　D. 猜

2. 推销的基石是(　　　)。
　　A. 需求　　　　　B. 推销品　　　　C. 顾客　　　　　D. 服务

3. 胆汁质的人的特征是(　　　)。
　　A. 暴躁　　　　　B. 活泼　　　　　C. 冷静　　　　　D. 沉默

4. 黏液质的人的特征是(　　　)。
　　A. 暴躁　　　　　B. 活泼　　　　　C. 冷静　　　　　D. 沉默

5. 针对黏液质顾客的推销技巧是(　　　)。
　　A. 以理动人　　　B. 以情动人　　　C. 多说多做　　　D. 少绕弯子

二、多选题

1. 沟通的一般准则是(　　　)。
　　A. 正确对待沟通　　　　　　　　B. 有明确的目的、针对性
　　C. 会"听"　　　　　　　　　　　D. 双向性

2. 销售工作是一项很辛苦且备受考验的工作,其表现在(　　　)。
　　A. 路难走　　　　B. 人难做　　　　C. 脸难看　　　　D. 胃难受

3. 气质类型包括(　　　)。
　　A. 胆汁质　　　　B. 黏液质　　　　C. 多血质　　　　D. 抑郁质

4. 胆汁质的人的特征是(　　　)。
　　A. 开朗　　　　　B. 热情　　　　　C. 坦率　　　　　D. 细致

5. 针对胆汁质型顾客的推销技巧包括(　　　)。
　　A. 轻声细语　　　B. 细致全面　　　C. 重点突出　　　D. 少绕弯子

三、判断题

1. 沟通指语言交流。　　　　　　　　　　　　　　　　　　　　(　　)
2. 发现需求是推销工作的前提。　　　　　　　　　　　　　　　(　　)
3. 气质与人的心理活动有直接联系。　　　　　　　　　　　　　(　　)
4. "直肠子"属沉默寡言型顾客。　　　　　　　　　　　　　　　(　　)
5. 针对黏液质型顾客,应以理动人。　　　　　　　　　　　　　(　　)

四、思考题

1. 如何理解沟通的作用?
2. 沟通过程中应注意哪些问题?

五、案例分析

小李是一个热心肠的促销员,经常受到顾客好评。一次,小李看到一位顾客在柜台边游

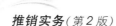

荡了两天,而且来来回回走了好几圈。他出于好奇走上去问,才知道这位女顾客对一件羊毛衫很中意,但却犹豫着是否购买。小李站在旁边仔细观察了一下女顾客的脸色和体形,很热心地建议顾客选择红色的衣服。于是,女顾客害羞地买走了羊毛衫。

第二天,女顾客和其丈夫拿着买的羊毛衫来到柜台退货并和营业员争吵起来。女顾客说自己不喜欢羊毛衫的颜色,丈夫也说不好看。营业员不退只换,女顾客的丈夫有点动怒,认为要不是因为小李的主动推荐、指手画脚,他们不会买。正在争吵之时,柜台主管赶过来了解情况,带着顾客和其丈夫重新逛了遍商场,一一分析各种羊毛衫的优缺点,并建议他们认真考虑,喜欢就买,不喜欢则商场可以退货。在主管的协调下,顾客最终补了差价,买走了另外一件羊毛衫。

通过上述案例,请同学分析各人物的气质类型。

任务2　任务检测
参考答案

任务 3
推销人员素质

一名合格的推销人员应该具备哪些素质和能力？

良好的职业道德和经验是推销人员获得成功的重要品质。

教学目标

1. 陈述推销人员的基本职责。

2. 概括推销人员的职业素质与能力。

3. 清楚推销人员的有关礼仪常识。

4. 感悟成功推销员身上所具备的品质，积累经验。

学时建议

1. 知识学习 4 课时。

2. 实训模拟 2 课时（业余自主学习）。

【导学案例】

把斧头推销给小布什总统

2001年5月20日,美国一位名叫乔治·赫伯特的推销员成功地把一把斧子推销给了小布什总统。布鲁金斯学会得知这一消息后,把刻有"最伟大推销员"的一只金靴子赠予了他。

自1975年以来,该学会一名学员成功地把一台微型录音机卖给尼克松后,又一学员登上如此高的门槛。

布鲁金斯学会创建于1927年,以培养世界上最杰出的推销员著称于世。它有一个传统,在每期学员毕业时,设计一道最能体现推销员能力的实习题,让学生去完成。

克林顿当政期间,他们出了一个题目:请把一条三角裤推销给现任总统。8年间,无数学员为此绞尽脑汁,可最后都无功而返。克林顿卸任后,布鲁金斯学会把题目换成"请把一把斧子推销给小布什总统"。

鉴于前8年的失败与教训,许多学员知难而退,个别学员甚至认为,这道毕业实习题会和克林顿当政期间一样毫无结果,因为现在的总统什么都不缺少,再说,即使缺少,也用不着他们亲自购买。退一步说,即使他们亲自购买,也不一定正赶在你去推销的时候。

然而,乔治·赫伯特却做到了,并且没有花多少工夫。在一位记者采访的时候,他说:"我认为,把一把斧子推销给小布什总统是完全可能的,因为布什总统在得克萨斯州有一家农场,里面长着许多树。于是我给他写了一封信,说:'有一次,我有幸参观您的农场,发现里面长着许多矢菊树,有些已经死掉,木质已变得松软。我想,您一定需要一把小斧头,但是从您现在的体质来看,这种小斧头显然太轻,因此您仍然需要一把不甚锋利的老斧头。现在我这儿正好有一把这样的斧头,它是我祖父留给我的,很适合砍伐枯树。假若您有兴趣的话,请按这封信所留的信箱,给予回复……'最后他就给我汇来了15美元。"

(资料来源:吴蓓蕾.把斧头卖给美国总统[M].北京:新华出版社,2006.)

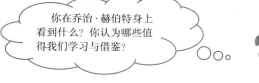

提示 每一位推销人员都应深入市场,成为企业的信息员。只有深入市场才能获得有用的信息,成功推销。

【学一学】

看了以上案例,你是否觉得在推销工作中推销员的素质很重要呢?下面就让我们共同学习推销人员应当具备的基本素质与能力吧。

3.1 推销人员概述

每一次推销活动的具体任务是不同的,不同类型推销工作的工作内容也不同,任何企业的推销员,都承担着一些相同的基本职责。推销员履行这些基本职责,不仅可以在企业制定正确的营销策略时提供可靠的依据,也有助于推销员提高自己的业务能力。

3.1.1 推销人员的基本职责

1)收集信息

一个优秀的企业推销人员要时刻保持强烈的市场意识,利用自己接近市场这一有利条件,结合企业当前资源状况和相关条件,深入市场,有意识、有目的地收集信息,成为企业的信息员,为企业的生产经营活动提供及时、可靠甚至前瞻性的市场信息。这些信息主要包括顾客对产品的具体意见和要求;顾客需求现状及变化;顾客对企业销售政策、售后服务的反应;产品知识及销售情况;与竞争对手产品的区别;市场现状及发展趋势;等等。

2)开拓市场

在具体推销工作中,推销人员不仅要了解顾客,更应该具有市场开拓能力,善于发现机会、积极地寻找潜在顾客。国外有的企业对推销人员、对顾客管理工作都有规定,如,有的公司明确规定其推销员要用80%时间服务现有顾客,用20%时间同潜在顾客打交道。顾客管理的目的要求推销员掌握顾客信息,不断地开拓市场。

3)沟通关系

沟通关系指推销员运用各种管理手段和人际交往,建立、维持和发展与主要潜在顾客、老顾客之间的人际关系和业务关系,以便获得更多销售机会,扩大企业产品的市场份额。推销人员可建立顾客联系档案和联系网络,与顾客建立长期、相对稳定关系,定期不定期与顾客沟通,避免顾客产生"人走茶凉"的感觉,这有助于发展顾客关系与销售产品。

4)销售产品

推销过程中销售产品通过寻找潜在顾客、准备拜访、接近顾客、与顾客洽谈、处理顾客异议、确定价格及交货时间等活动来完成。销售商品是销售人员最基本的职责,也是推销工作的核心职责。

推销员应牢牢把握满足顾客利益推销原则。在满足顾客利益的同时,也要给企业带来相应的利益。如果推销工作没给企业带来利益,推销员是不称职的。正如一位推销专家所说:亏本的销售对企业和顾客同样有害。因此,在推销过程中推销员真正要做的工作,是在企业利益和顾客利益之间找到共同点,既让顾客得到应得的利益,又维护企业的利益,追求双赢。从这层意义上说,推销人员具有着维护顾客与企业利益的双重职责。

5)提供服务

在当代激烈的市场竞争中,产品的类型及功能大多相似,共性较多,而个性化服务往往能成为达成交易的关键因素。如果产品是"硬的",服务就是"软的",服务是对产品设计、产品性能的调整和改进,有的知名企业甚至提出"我们销售的不是产品,而是服务"。可见服务对于产品销售的重要程度,"一切以服务为宗旨"是现代推销活动的出发点和立足点。当然,推销员可以根据不同服务阶段、消费者的个性需求来向顾客提供的相应的服务内容与方式,在服务领域里企业和推销员的发挥空间很大。

6)树立形象

在顾客面前,推销员就是企业的名片。顾客常常通过推销员了解、认识企业。因此,在具体工作中,推销人员要"从推销自己开始",自信地向顾客介绍产品和企业,使顾客对自己产生好感,满足顾客了解和咨询产品及服务等需要,耐心解答顾客提出的问题,在宣传产品的同时,宣传企业,让顾客信任和关注企业,提高企业知名度,树立企业和自己的良好形象。

3.1.2 推销人员的角色

由于推销人员在工作中肩负着以上6种基本职责,因此,他们的职业角色是多样的,推销员既是企业形象代表、热心服务者、情报信息员,也是"客户经理"。

1)企业形象代表

推销工作是企业产品销售的窗口,而推销员是企业销售的形象代表。推销员主动热情、积极向上的工作态度乃至一言一行都代表了企业形象,推销员是企业文化和经营理念的传播者。

2)热心服务员

推销人员是目标顾客的服务人员,帮助顾客排忧解难、解答咨询、提供产品使用指导,其服务质量和热情赢得顾客的信任和偏爱。

3)信息情报员

推销人员是企业信息的重要反馈者。在实际工作中,推销人员可以广泛收集顾客对产品需求的信息、竞争对手产品信息、市场需求变化、产品发展趋势、推销观念创新等信息,并将其及时反馈给企业决策者,使企业能及时作出产品发展和市场销售的应对策略。

4)"客户经理"

当销售沟通时,推销人员所担任的角色就是"客户经理"。推销员要把产品"卖出去",就必须拥有一定的经营决策权,如磋商价格、确认交货时间、提供售后服务等。当然,使用这种权力时,必须按照企业营销政策和要求在企业给予的权限下使用,兼顾顾客与企业的共同利益。

3.1.3 推销人员的观念

推销观念是推销员从事推销活动的根本指导思想,它是推销工作的基本行为准则。有了较好的推销观念,推销员就会在职业道德、敬业精神、推销文明、适应环境等方面树立良好的形象,圆满地完成预定的目标与推销任务。

1)顾客观念

在推销工作中,推销员要以顾客的需求为出发点,尊重顾客的利益,时时处处为顾客着想,创造各种条件来为顾客服务,努力满足顾客需要。如果推销员将满足顾客需要作为推销工作的出发点,让顾客满意,顾客不仅会购买产品,还会成为推销工作的"义务宣传员"。

故事 1

"塑料大王"王永庆 15 岁小学毕业,毕业后第二年,他就用从父亲那里借来的 200 元钱做本金,开了一家小米店。为了和隔壁那家日本米店竞争,王永庆颇费了一番心思。

当时,大米加工技术比较落后,出售的大米里混杂着米糠、沙粒、小石头等,买卖双方都见怪不怪。王永庆则多了一个心眼,每次卖米前都把米中的杂物挑拣干净,此举深受顾客欢迎。在此基础上,他开展了送米上门业务。他在一个本子上详细记录了顾客家有多少人、一个月吃多少米、何时发薪、何时需买米等,到时候便送米上门,尽量不让顾客为买米操心费神。功夫不负有心人,王永庆的生意一天天红火起来。一传十,十传百,他从一天卖不到 12 斗米发展到一天就可卖出 100 多斗米。王永庆很快又办起了碾米厂。

(资料来源:从米店老板到塑料大王,山西晚报)

提示 只要把顾客需要和利益放在第一位,推销就会获得成功。

2)时间观念

"时间就是金钱",这句话用在推销工作中最合适不过了。推销员应学会制订计划,将记事条目按轻重缓急排档分列,推销前做好充分准备,努力提高工作效率。意大利经济学家帕累托提出"二八"法则:重要的少数和琐碎的多数 80/20 原理"。意思是,80% 的价值来自 20% 的因素。推销工作中,推销员只要将工作的努力方向放在重要的 20% 顾客群身上,就可以赢得 80% 的销售成果。

3)竞争观念

在当代社会里,市场竞争无处不在。一方面,推销员要及时了解市场信息,不断学习和总结经验,重视提高自己的职业素质和能力。另一方面,推销员要在竞争环境中保持清醒的头脑和合理竞争意识,坚持职业道德,避免恶性竞争。

4)创新观念

商品经济发展和市场竞争日趋激烈,客观上推销员要跟上外界环境和竞争对手的发展步伐,具备较强的适应能力和应变能力,更重要的是,要洞察推销活动的创新发展趋势,做到"人无我有,人有我新"。推销员只有不断提升自己的综合素质,及时更新自己的创新意识,才能在竞争中立于不败之地。

3.2 推销人员的职业素质和能力

有人将推销工作比作"艺术",推销人员要具备侦察员的眼睛、哲学家的头脑、演说家的口才、数学家的缜密、外交家的风度、宗教家的执着和军事家的果断。因为推销员每天要面对不同人和事,工作具有高度的灵活性和随机性,必须调动全身心的每一根神经,综合所有知识储备,创造性开展推销工作。这些能力和要求是非常具体的,绝不是一般人所说的有了吃苦精神和良好的口才就可以胜任推销工作。那么,推销人员应该具备哪些基本素质与能力呢?

3.2.1 推销人员的职业素质

职业素质指人们从事某一职业应当具备的基本修养和品行。一个企业要想取得良好经济效益和社会效益,除了依靠过硬的产品质量、良好的社会信誉外,还要依靠一支具有较高素质的推销队伍。在现代市场经济条件下,推销人员必须具备的基本职业素质体现在以下几方面。

1)思想素质

(1)职业信念——敬业

敬业,指推销人员对所从事的工作充满热情、有高度的责任感、热爱自己的职业并体现出对推销工作的执着。推销工作是艰苦的,也具有很大的挑战性,在推销工作中,推销人员克服许多难以想象的困难和挫折才能完成工作任务。推销员没有坚定的敬业精神,就没有面对挫折的勇气,就没有克服困难的决心。能够胜任推销工作的人,今后无论从事什么职业,都将具备一定成功基础,因为推销工作经历能够锻炼和提高人们面对困难的意志和勇气。

(2)职业道德——诚信

推销人员被喻为"企业行走的名片",是企业形象的代言人和顾客的参谋和顾问。推销人员如果没有良好的诚信意识,在推销工作中不负责任地弄虚作假、欺骗顾客、夸大产品信息、恶意损害企业形象,就很可能给企业带来极为严重的损失。在现实生活中,有的顾客对推销员的工作存在一定误解甚至反感,就是少数推销员不讲诚信、目光短浅、只在乎"一锤子买卖"造成的。所以,推销人员应摒弃不良的推销方式和手段,拥有良好的职业道德,这将有利于自身和企业发展,有助于推销业诚信发展。

> **提示** 这个故事告诉我们:诚信是立业之本。欲建立企业,先建立信誉;欲做大企业,先做好信誉;欲做强企业,必牢守信誉。做大做强、久盛不衰的企业,都是恪守信誉的企业,这是成功企业之源。

(3)职业态度——热爱

推销人员的工作经常被人称作"热情的传递"。对于要推销的产品,推销员用充满热诚、信心的态度去感染顾客,顾客就会真切地体验到热诚并愿意接受。微软公司的一位招聘官曾对记者说:"从人力资源角度讲,我们愿意招'微软人',他首先是一个非常有激情的人,对公司、技术、工作有激情。有时,你会奇怪,他对行业情况了解不深,年纪也不大,我们却招了他,原因就是他的激情感染了我,我们愿意给他机会。"因此,推销员的工作不是求别人购买自己推销的产品,不是让人抬不起头的事,而是为顾客提供信息、提供产品、提供服务、满足顾客需要,是助人为乐之事。

故事2

　　美国一家汽车商在招聘推销员。当时前来的应试者中,许多人仪表不凡,谈吐风趣。其中,有一个身穿粗布工作服、脚踏一双帆布运动鞋的大个子,他的外貌和经历都难以证明他能做好推销员的工作,但是他却被录取了。他一进门,见到陈列室里的汽车,就大声嚷嚷:"说真的,看到这些漂亮的汽车,我打心里想把它们卖出去!"他的热忱被注意到了,而他后来果然不负众望,成为美国赫赫有名的汽车推销大王,他就是乔·吉拉德。

　　(资料来源:吴蓓蕾.把斧头卖给美国总统[M].北京:新华出版社,2006.)

　　推销工作不是轻而易举的工作,而是一项极富创造性与挑战性的工作,工业时代巨人福特坚信"没有推销,就没有美国的企业";信息时代比尔·盖茨就是一位顶极推销员;IBM 公司把"公司最重要的人"桂冠送给它的销售代表;汽车推销大王乔·吉拉德说"推销员是这个世界发展的动力,我认为,我们每一个推销员都应该为自己的职业而感到光荣";玛丽·凯说"有人说我是天生的推销员,因为我十分热爱销售工作。在别人看来,推销工作是单调乏味的苦差事。在我看来,它却是一场比赛"。可见,热爱自己的工作,才能在工作中感到快乐,感到工作如此有意义、有价值,而快乐的情绪会感染顾客,感染周围的人,这样,工作成绩自然会很好。这就像高尔基所说:工作快乐,人生便是天堂;工作痛苦,人生便是地狱。

　　2)知识素质

　　推销人员要和形形色色、各种层次的人打交道,不同人所关注的话题和内容是不一样的,推销人员如果没有扎实的专业知识,不能解答顾客的相关问题,就不能取得顾客信任。没有宽泛的知识面,就难以同顾客沟通交流。推销人员工作的自信源于扎实的专业知识和宽泛的知识面,有时,推销能否成功取决于推销人员知识的广度与深度。

　　(1)市场知识

　　招聘推销人员时,现代企业一般要求应聘者具有一定市场知识和相关专业知识。因此,凡希望从事推销员职业的从业者,必须认真学习市场营销知识和实务、现代推销技术、市场调研与预测方法技能、消费者心理学等专业知识,并了解顾客需求特点,发现市场机会、开辟新的营销渠道,在实践中不断总结经验,不断提高自身的知识和技能素质,为推销工作服务。

　　(2)企业知识

　　作为企业形象代表的推销员,掌握了企业经营发展必备的背景材料,介绍企业时才会得心应手,便于和新老顾客沟通交流。同时,推销员储存了企业发展壮大的背景知识,自豪感、归属感就会增强,对所推销的产品就有信心,就能获得顾客的信任与支持。推销人员须掌握的企业知识主要包括企业的发展历程、经营指导思想、企业文化、营销战略和政策等。

　　(3)产品知识

　　推销人员必须全面了解和熟悉自己所推销的产品,如产品的品牌、性价比、服务、优点、特殊利益等产品的价值取向;了解产品的物理属性、生产流程、性能等指标、交易条件、使用知识等产品的基本特征;了解本企业产品和不同品牌产品之间的品种、促销方式、销售人员、客户等的竞争差异;除此之外,推销员还须明确重点的说明方向——产品的诉求点,即产品的卖点;找出产品的优点和缺点,并制定相应的对策。推销人员对产品知识了解得越完整,其自信心就越强,就越能被顾客信任,推销成功的可能性也就越大。

(4)用户知识

推销员学习消费心理、人际关系等学科方面的知识,了解不同顾客的购买习惯,学会分析顾客的行为表现和购物心理,不断积累顾客的资料和服务经验,提高推销业务能力,根据各类顾客的不同需要提供合适的服务,完成推销任务。

3)心理素质

良好的心理素质指人的抵抗挫折的能力很强,在遇到困难与失败时,能保持情绪稳定,以较好的精神状态面对环境压力。推销是最容易遭遇挫折的职业之一。在推销具体工作中,推销员经常受到冷落、拒绝、嘲讽、挖苦、打击与失败,每一次挫折都可能导致情绪低落、自我形象萎缩或意志消沉,最终影响业务或者干脆退出竞争。因此,推销员必须具有良好的心理素质,能够面对挫折、不气馁。在遇到推销挫折时,要不断调整自己的心态,多分析顾客,不断寻找接近顾客的方式与技巧,使自己平和地面对一切责难,最终解决问题。

许多营销专家告诫我们,推销人员一定要培养自己的第二天性,那就是自信。还记得导学案例中的乔治·赫伯特吗?他成功后,布鲁金斯学会在表彰他的时候说:"金靴子奖已空置了26年,26年间,布鲁金斯学会培养了数以万计百万富翁,这只金靴子之所以没有授予他们,因为学会一直想寻找一个不因别人说某一目标不能实现而放弃、不因事情难以办到而失去自信的人。"自信取决于推销人员良好的心理状态。当始终相信自己一定能成功时,推销员就一定能够成功。因为积极的心理暗示会成为推销员每天工作的强大动力,鼓舞自己通过各种努力来战胜推销工作中的一切困难。因此,推销人员只有具备良好的心理承受能力,才能胜任推销工作,在推销工作中取得骄人的业绩。

不是一些事情难以做到导致我们失去了自信;而是因为我们失去了自信,所以一些事情才显得难以做到!

故事3

美国当代最伟大的推销员麦克,曾经是一家报社的职员。刚到报社当广告业务员时,他不要薪水,只按广告费抽取佣金。他列出一份名单,准备拜访一些很特别的顾客。在拜访这些客户之前,麦克走到公园,把名单上的客户念了100遍,然后对自己说:"在本月之前,你们将向我购买广告版面。"经过努力,最后没购买的顾客还剩一位。接下来的日子里,麦克没去拜访新顾客,每天早晨,那个拒绝买他的广告的顾客商店一开门,他就进去请这个商人做广告,而每天早晨,这位商人都回答"不"。每一次,当这位商人说"不"时,麦克假装没听到,然后继续前去拜访,到那个月的最后一天。对麦克已经连着说了30天"不"的商人说:"你已经浪费了一个月来请求我买你的广告,我现在想知道你为何要这样做。"麦克说:"我并没浪费时间,我等于在上学,而你就是我的老师,我一直在训练自己的自信。"这位商人点点头,接着麦克的话说:"我要向你承认,我也等于在上学,而你就是我的老师。你已经教会了我坚持到底这一课,对我来说,这比金钱更有价值,为了向你表示感激,我要买你的一个广告版面,这当作我付给你的学费。"

(资料来源:成功营销员必备的11项素质,人生指南成功励志网)

4)身体素质

推销工作是兼具体力劳动和脑力劳动的高强度工作,没有良好的身体素质是难以胜任的。在招聘推销员时,许多企业都有年龄、身体素质的具体要求,如能否长期出差、能否吃苦等。企业推销人员须长途奔波、舟车劳顿,有时还要携带样品,为顾客安装和维修,劳动强度大,比较辛苦,没有良好的身体条件和充沛的精力,是难以做好推销工作的。健康的身体是做好推销工作的基础和保证。

3.2.2 推销人员的职业能力

推销人员的职业能力指推销人员在推销工作环境中经与顾客沟通交流,顺利将产品销售出去并顺利收回货款的能力。推销人员应具备的职业能力如下。

1)学习能力

时代不断变化,客户不断成长。在这个高速发展的时代,除了变化,没有什么是不变的,而学习是销售员了解外部世界、跟上客户步伐的最有效途径。主动学习能够使销售员快速地汲取最新知识、了解社会发展趋势、将学习到的知识与实际工作相结合。

顶尖的销售员都是注重学习的高手,通过学习培养自己的能力,让学习成为自己的习惯。成功的销售员都在不断通过学习超越自己,并且在销售团队里形成学习氛围,建立学习型组织,提升自我和组织素质。

2)表达能力

表达能力指人们熟练地运用语言艺术与他人交流信息、传递思想并被对方理解和接受的过程。推销员的工作总是以一定语言交流开始的。在推销实践中,推销员要能准确地表达推销商品的相关信息,清楚地回答并解释顾客提出的问题,帮助和实现顾客的需要。要做好这些工作,推销员应具备较好的表达能力,掌握推销交谈的技巧,以激发顾客的购买兴趣,刺激顾客的购买欲望。当然,要想熟练掌握和提高表达能力,推销员须不断学习和总结经验,这样在发挥和应用时才能得心应手。

故事4

一个农夫在集市上卖玉米。因为他的玉米棒子特别大,所以吸引了一大堆买主。在挑选的过程中,一个买主发现很多玉米棒子上都有虫子,于是他故意大惊小怪地说:"伙计,你的玉米棒子倒是不小,只是虫子太多了,你想卖玉米虫呀? 可谁爱吃虫肉呢? 你还是把玉米挑回家吧,我们到别的地方去买好了。"买主一边说着,一边做着夸张而滑稽的动作,把众人都逗乐了。

农夫见状,一把从他手中夺过玉米,面带微笑却又一本正经地说:"朋友,玉米上有虫,这说明我在种植中没施用农药,生产的玉米是天然食品,连虫子都爱吃!"接着,他转过脸对其他的人说:"各位都是有见识的人,你们评评理,连虫子都不愿意吃的玉米棒子好吗?比这小的棒子好吗?价钱比这高的玉米棒子好吗?你们再仔细瞧瞧,这些虫子都很懂道理,只是在棒子上打了一个洞而已,棒子可还是好棒子呀!"

他说完了这一番话语,把嘴凑到那位故意习难的买主耳边,故作神秘状,说道:"这么大,这么好吃的棒子,我还真舍不得卖这么便宜呢!"

农夫的一席话,把他的玉米棒子个大、好吃、虽然有虫但售价低这些特点都表达出来了,众人被他的话语说得心服口服,纷纷掏出钱来,不一会儿工夫,农夫的玉米就销售一空。

（资料来源:商务谈判战略案例,豆丁网)

3)社交能力

在社交场合中,我们常常看到,一些人一旦与他人相识,便能很快找到共同感兴趣的话题,经过交谈加深相互了解,彼此留下良好的印象,关系可以进一步改善;而另外一些人,见到别人后只会平淡地寒暄几句,然后就不知所措了。这两种人的差别就在于其社交能力。缺乏社交能力的人,往往会人为地画地为牢,在自己与他人、周围环境之间划出一道心理屏障。

在面对顾客时,优秀的推销员常常表现随和,热情诚恳,能站在顾客的角度,为顾客需要着想,取得顾客的信任、理解与支持,是个与顾客拉关系的行家。推销人员要具备良好的社交能力,要待人诚恳热情、言行举止大方;能体谅顾客苦衷,换位思考;态度热情而不轻浮,言语自信而不自负、富有逻辑而不强词夺理,有主见而不盛气凌人;兴趣广泛,能面对不同类型的顾客。推销员要具备较好的社交能力,须长时间培养和锻炼,从推销工作的一点一滴做起。当有了一定社交能力之后,推销人员就会发现,原来顾客就在身边。

4)观察能力

观察能力指推销人员认真观察顾客细微的外部表现所透露的信息后研究顾客购买心理变化的能力。推销员与顾客接触和交流,从顾客的手势、反应、脸色、心境的表现中,可以判断出哪些可能成为买主、哪些绝对不可能成为买主、哪些顾客具有购买力等。尽管这种识别顾客的方法不一定是最好的,但现代推销的节奏不可能让你花更多时间与精力去研究顾客的方方面面。因此,好的推销员应该具备洞察顾客心理活动的能力,对多数人所忽略的细枝末节有较强敏感性,采用相应的推销刺激手段,转变顾客看法,促进推销活动。

故事5

汤姆是一位成功的推销员,不仅善解人意,而且敏感性很强,能准确地从对方的沉默中窥见对方的思想状况与内在意图。当别人问他是怎样去把握对方沉默不语时的思想时,他回答道:"对方虽然沉默不语,但只要留心观察,你就会从他的神态和表情变化中发现其内心思想感情的变化。比如,在正常情况下,坐着的时候顾客总是脚尖着地,并且静止不动;但在心情紧张的时候,对方的脚尖就会不由自主地抬高。因此,我只要看对方脚尖是着地还是抬高,就可以判断他的内心世界。又如,在正常状态中,吸烟人熄灭的烟蒂大都保留一定长度,可是在非正常的情况下,放下的烟蒂就可能很长。所以,如果你发现对方手中烟蒂还很长却已放下熄灭了,你就要有所准备,对手可能打算告辞了。"从这位推销员的一席话中,可以看出他观察入微的工作能力,这也道出了他成功推销的个中奥秘。

(资料来源:朱亚萍.推销实务[M].北京:中国财政经济出版社,2011.)

5)应变能力

一般情况下,在与顾客接触前推销员都会了解和分析顾客,做好顾客接洽前的相应准备,制订推销计划和方案。但在实际推销工作中,推销员常会遇到许多预想不到的问题,如顾客在事先定好签合同的时间临时告知不签了;价格本来已经说好但顾客反悔了;等等。这就要求推销人员保持清醒、冷静的头脑,认真思考顾客态度变化的原因,在实际工作中随机应变,克服障碍,继续与顾客沟通,推进工作。当然,较强的应变能力与推销员坚持不懈地学习和总结经验是密不可分的。

故事 6

一位推销员向顾客推销一种钢化玻璃酒杯,在说明商品之后,他便向顾客示范。示范是把一只钢化玻璃酒杯扔在地上而不破碎。可他碰巧拿到一只质量没过关的杯子。只见他猛地一扔,酒杯碎了。

在他所有推销酒杯的过程中,这样的事是前所未有的,大大出乎了他的意料。他心里很吃惊,但没流露出来。而顾客呢,则目瞪口呆,因为他们本已相信了推销员的推销说明,只不过想亲眼看看效果而已,结果,却出现了这样尴尬的场面。

然而,仅过 3 秒钟,推销员就不紧不慢地说:"你们看,像这样的杯子,我就不会卖给你们。"顾客笑了,沉默的气氛变得活跃了。接着,这位推销员又扔了 5 只杯子,个个掉在地上完好无损。随机应变的推销员博得了顾客的好感,5 个完整无损的酒杯赢得了顾客的信任。推销员很快就推销出几十打杯子。

(资料来源:黄元亨.推销实务[M].北京:高等教育出版社,2005.)

6)坚持能力

推销工作很辛苦,推销人员要能吃苦、坚持不懈。有时候,推销员可能坚持一个月、半年甚至一年才积累一些客户,推销业绩和收入才能相应提高,"吃得苦中苦,方为人上人"。推销业绩的一半是用脚跑出来的。推销员要不断拜访顾客,与顾客沟通,说服顾客甚至跟踪顾客,以提供服务。可见,推销工作绝不是一帆风顺的,会遇到很多困难,但只要有持久的耐心、诚恳的信心和百折不挠的精神,推销员就一定会取得相应成效,赢得成功。

故事 7

日本"推销之神"原一平曾经做过艰苦的推销访问工作。原一平从事保险工作已是他退休以后的事。当时他的推销对象是一家大汽车公司。每次去汽车公司,原一平需要 6 小时。这样的访问共进行了 300 多次,时间长达 3 年之久。3 年后,原一平终于迎来了盼望已久的成功。没有执着的精神,这样的业务是根本无法谈下去的。正凭着这种坚韧不拔的毅力,原一平才取得辉煌的成就,人们才会把"推销之王"桂冠送给他。原一平说:"推销没有秘诀,唯有走路比别人多和跑路比别人快。"

(资料来源:郑锐洪,李玉峰.推销原理与实务[M].北京:中国人民大学出版社,2016.)

7)自控能力

一位有经验的老推销员说:"没有好脾气就干不好推销。"推销工作每天要面对不同类型顾客,可能遇到顾客态度粗暴的投诉,被人拒绝,被人指责甚至被人嘲笑、奚落,如果推销员自尊心太强,推销工作就很难坚持下去。因此,推销员应具有相当的耐心与毅力以及很好的自我控制能力,在面对顾客时,适当地控制自己的情绪,不急不躁,始终以平和的心态与顾客交流,即使在顾客说出过激话的时候也能自控、忍让,让顾客体会真诚合作的态度,顾客一定会被推销员的态度打动,继续沟通合作。

故事8

一位刚刚参加工作的推销员,在受到几次推销挫折以后,发现自己想通过推销工作出人头地的理想难以实现:推销工作要挨领导的骂,受顾客的气,加上自己脾气不大好,又不愿踏踏实实工作,于是,他向领导递上一封发泄怒气的信,列举了他对领导的意见,准备辞职。

当他把辞职信给他的一位朋友看的时候,朋友建议他换一个角度看问题,让他把公司领导的优点以及那些获得成功的推销员的经验写在本子上,时不时拿出来看看,以此为目标。

在朋友的开导下,他渐渐明白了一个道理:学习别人的长处和经验是弥补自己不足、平息自己怒气的良方。从此,当感到生气的时候,他就把对方的长处记下来,读读,心里就会平静很多。

几年后,他成为一位优秀的推销员。

(资料来源:张立光.推销的七字真经[M].北京:中国纺织出版社,2008.)

8)执行能力

执行能力体现的是推销人员的综合素质,更是一种不达目标不罢休的精神。在执行计划时,销售人员常常遇到困难,如果只会说"经理,这个事太难了,做不了",那么你的领导也只能说"好,那我找能够完成的人来做"。"没有任何借口"是美国西点军校传授给每一位新生的第一理念。他强化的是每一位学员要想尽办法完成任何一项任务,而不是为没完成的任务寻找借口,哪怕是看似合理的借口。

故事9

美西战争爆发后,美国必须立即跟西班牙的反抗军首领加西亚取得联系。加西亚在古巴丛林的山里,没有人知道他的确切地点,所以无法带信给他。美国总统必须尽快与他的合作,怎么办呢?

有人对总统说:"一个叫罗文的人有办法找到加西亚,只有他才找得到。"于是,他们把罗文找来,交给他一封写给加西亚的信。那个名叫罗文的人拿了信,把它装进一个油纸袋里,封好,吊在胸口上。3个星期之后,罗文徒步走过一个危机四伏的国家,把那封信交给了加西亚。

这里需要说明的是,罗文接信时并没问加西亚在什么地方。

这个故事这么简单,却流传到世界各地。

《把信带给加西亚》的作者这样写道:我们应该为这种人塑造不朽的雕像,把雕像放在每一所大学里。年轻人所需要的不是学习书本上的知识,也不是聆听他人的种种指导,而是加强敬业精神,接受上级的托付后,立即采取行动,全心全意完成任务——"把信带给加西亚"。

（资料来源:阿尔伯特·哈伯德.把信送给加西亚[M].邓敏华,译.长春:吉林大学出版社,2010.）

3.3　推销人员的基本礼仪

一般意义上,礼仪指人们内心待人接物的尊敬之情,通过美好的仪表、仪式表达出来。遵照礼仪就必须在思想上对对方有尊敬之意,谈吐举止懂得礼仪规范,外表上注重仪容、仪态、风度和服饰。推销员的仪表、礼貌、态度和言谈举止等,是推销员综合素质的体现。良好的第一印象是最好的介绍信,一位哲人曾说:"第一印象产生经济效益,由于美好的第一印象,生活会为我们打开机遇之门,如果你不想失去任何成功的机会,那么别忘了第一印象的重要性。"因此,良好的礼仪和第一印象对推销员来说是非常重要的。

3.3.1　推销人员的仪容仪表

仪表即人的外表,一般来说,包括人的容貌、服饰、个人卫生和姿态等。仪容主要指人的容貌,是仪表的重要组成部分。仪表、仪容是一个人的精神面貌、内在素质的外在表现。

1)仪容礼仪的基本要求

①推销员要常清洁、护理头发,没有头屑,发型要整洁大方。男士的鬓发不盖过耳部,不留长发,不要烫发,头发不能触及后衣领。

②推销员要适当化妆,保持容光焕发,选择清淡香氛味道、避免气味浓烈的化妆品,不能浓妆艳抹。男士应每天清理胡须,不留胡子。

③经常锻炼,保持身材和拥有良好的仪态。

④勤于洗澡,保持身体清洁。要经常修剪与洗刷手指甲,保持指甲清洁,不得留长指甲。

⑤应保持鞋子干净、光亮、整洁。不能穿破损袜子,尺寸要适当。女士穿裙子时,不能露出袜口(穿着西装裙、短裙时宜穿袜裤);男士应穿与裤子和鞋同类颜色或较深颜色的袜子。

2)着装礼仪的基本要求

在《我是怎样成功地进行推销的》一书中谈到服装时,佛朗哥·贝德格这样写道:"服装不能造出完人,但初次见面给人印象的90%产生于服装。"拥有整洁外貌的推销员容易赢得别人的信任和好感。心理学家曾做过一个实验:安排衣着笔挺和穿沾满油污工作服的两个工人分别穿越无红灯、无车的马路。结果衣着笔挺的人后面的跟随者明显较多,而着工作服的人后面的跟随者却只有少数甚至没有。

推销员可以根据自己的身份、年龄、身材、个性、肤色等来选择着装及饰品,一般应根据TOP 原则(时间原则 Time、场合原则 Occasion、地点原则 Place)。推销人员服装不一定名贵或特别讲究,只要给人以整洁大方、精干清爽、整体感觉比较舒服即可,切忌衣冠不整、肮脏不堪。同时,要尊重顾客的宗教信仰或身份地位,一般不要佩戴具有宗教色彩或过于贵重的饰物,宁可不佩戴饰物,也不要佩戴廉价的饰物。从服饰礼仪的角度看,衣着问题不是纯粹的个人问题,它关系到是否对他人尊重,也折射出一个人内在素质与修养。推销员要善于运用自己的服装,用得体的穿着打扮引起对方注意,因为它是我们重要的推销工具之一。

故事 10

汽车零件批发公司 B(简称 B 公司)的一名推销员,因推销业绩不佳,特地向一位营销专家咨询,以下是两者的对话。

专家问	推销员答
推销的对象是谁?	很多小修理厂。
谁具有购买决策权?	老板。
老板平时穿什么服装?	蓝色工作服。
你常穿什么服装?	西服。

专家建议:你最好穿蓝色的工作服。

不久,专家的"B 公司推销员的服装改为蓝色工作服"提案在该公司顺利通过,B 公司的推销员都换上了蓝色工作服。换装使 B 公司销售业绩迅速提高。半年后,该专家以"B 公司推销员换装"为题,调查了 B 公司的主要顾客,顾客反映如下。

推销员与我们穿同样的服装,不仅大大增加了我们的共同语言,消除了优质西服与蓝色工作服的差异,而且身着油渍斑斑工作服的推销员给人一种同伴的感觉。以往,推销员身着西服来推销,身上充满了商品气,而穿上工作服来访时,使人感到亲近。

(资料来源:李世宗.现代推销技术[M].北京:北京师范大学出版社,2007.)

【学习借鉴】

日本寿险大师原一平的着装要领

1. 选择与自己年龄相近的衣服。
2. 衣着不要太年轻,容易招致对方怀疑或轻视,衣着同样不能太老,让人觉得没活力。
3. 服装要与收入、时间、地点相配合,自然而大方;同时,还要与身材、肤色相搭配。
4. 身材与服装质料、色泽保持均衡。
5. 大小合适,以身材为主,服装为辅。
6. 最好不穿流行服装。
7. 端庄,稳重,明亮,合乎身份。

(资料来源:刘红强,肖冬梅.世界上最伟大推销员的 15 种成功法则[M].北京:华夏出版社,2009.)

3)举止礼仪的基本要求

(1)眼神

与顾客碰面或被介绍认识时,推销员要目光平和地注视顾客,用眼神与顾客沟通,充分让顾客知道你的尊重和友好。在讲话时,切忌眼睛东张西望、心不在焉,玩东西或总看手表是不礼貌的。不要长时间直盯着对方,上下打量顾客更是轻蔑和挑衅的表现,会引起顾客反感。

（2）谈吐

双方交谈时,推销员要落落大方,谈吐得体。说话速度适中,吐字清晰,正确使用礼貌语言,用"您好""打扰您了""请"等礼貌语言与顾客沟通。讲话时,表情自然大方,表达得体。介绍产品和公司时,要实事求是,不要夸大其词、过度宣传,避免因顾客怀疑而影响推销工作。

（3）微笑

微笑同眼神一样,是无声的语言,是人际交往的"润滑剂",是人们表达愉快感情的心灵外露,是善良、友好、赞美的象征,是礼貌修养的充分展现。适当而自信、富有分寸的微笑,往往比交谈本身更有魅力,可以收到"此时无声胜有声"的效果。需要注意的是,推销员不能表现出职业性"微笑",职业性"微笑"会让顾客反感,使其认为你不是真心实意地为他服务,影响沟通效果。

（4）站姿

人们在社交场合中,站立是一种最基本的举止,优美而典雅的站姿是优雅举止的基础。在站立时,切忌无精打采、东倒西歪、耸肩勾背或者懒洋洋地倚靠在墙上或椅子上。不要两腿交叉或不停抖动、双手叉腰、双手后背、把手插在裤袋或交叉在胸前等站立姿势,给人一种不礼貌、不尊重人的印象。另外,还要避免一些下意识的小动作,如摆弄打火机、香烟盒、玩弄衣带或发辫等,这些小动作给人一种拘谨、缺乏自信和经验的感觉,而且有失庄重和礼貌。

（5）坐姿

坐姿是举止的重要内容之一。推销员坐姿要端正,舒展大方。在身背后没有任何依靠时,上身能够直而稍向前倾,头平正,两臂贴身自然下垂,两手随意放在腿上,两腿间距与肩宽大致相等,两脚自然着地。背后有依靠时,在正式社交场合,不宜随便向后仰头,显出懒散的样子。就座以后,不能两腿摇晃或把一条腿搁在另一条腿上。无论男女,都不能把腿分得太开,女性尤其应注意。女性若身着裙装,一般侧坐比正坐姿势优美,但答礼时必须正坐。离座时,要自然稳当,右脚向后收半步,而后站起。

（6）行走

在行走时,推销员要保持积极向上的精神风貌,注意风度,双手自然摆动,双肩端平,目光自然向前,步履轻快,步子适中。多人行走时,不要形成横队。上下楼梯时,不要推挤,遵守女士、上级、长者优先原则。男性行走时不要抽烟,女性行走时不要吃零食。

3.3.2 推销人员的人际交往礼仪

1）称呼

称呼礼节主要体现在称呼用语上。称呼用语是随着交际双方相互关系的性质而变化的,根据对象的具体情况,如性别、年龄、身份、关系亲密程度等来确定,称呼可分为尊称与泛称。

（1）尊称

尊称指对人尊敬的称呼,在初次见面和正式场合中经常被采用。如在我国有"您"（您好、请您等）、"贵"（贵姓、贵公司、贵方等）、"大"（尊姓大名、大手笔、大作等）和"老"（对德高望重的老人的特有称呼,如您老、某老等)。需注意的是,对外国人(即使是长者)应忌讳称"老"。

(2)泛称

泛称是对人的一般称呼,根据具体情况,分正式场合中的泛称与非正式场合的泛称。正式场合的泛称如王处长、张局长、李先生、陈小姐等。非正式场合的泛称如老王、小魏等。在国际交往中,一般将男子称先生,将已婚女子称夫人,将未婚女子统称小姐。不了解其婚姻状况时可称女子为女士或小姐,对戴结婚戒指的年龄稍大的可称为夫人。

总之,在社交场合中,使用称呼时应慎重,只有称呼准确、得体,才显得有礼貌并赢得对方的好感和敬重。

2)寒暄

寒暄,是社会交往中双方见面时为了沟通彼此之间的感情、创造友好与和谐气氛所采用的主要以天气冷暖、生活琐事及相互问候之类为内容的应酬话。较常见的寒暄形式包括以下4种类型。

(1)致意型

典型的问句包括"您好""早上好""晚上好""旅途辛苦了""您今天看上去气色真好、真精神"等。这种类型的寒暄表达了人们相互尊重、相互致意和相互祝愿的情谊,是最常用的寒暄。

(2)问候型

问候型通常以提问方式向顾客表达关心和友好的态度,并不一定要知道对方的起居行止。如"您最近工作忙吗""休息得好吗""吃饭了吗"等。

(3)攀认型

推销交往中,采用如"同乡""同事""同学"等沾亲带故的词汇交往,常常会将彼此关系转化为友谊,获得进一步洽谈磋商的契机。如"听说张先生祖籍广州,这么说我们还是同乡呢"等,与对方形成老乡关系而进一步交往。

(4)敬慕型

对初次见面者表示敬重、仰慕,是热情有礼的表现。如"张先生,久闻大名""董女士,久仰,久仰""见到您,不胜荣幸"等。

综上所述,无论哪类寒暄语,都不宜使用过多,能用"您好"表示时,绝不赘言不止;能用一言以盖之时,绝不说三言五语。虽说"礼多人不怪",但过于繁杂反而适得其反。而且,用语要合乎礼仪、掌握分寸、恰到好处,不可胡乱吹捧。随着东西方文化背景交融,见面时,随便询问对方的"年龄""薪金"财产""婚否"等,在一定程度上,会使顾客认为隐私被侵犯,容易引起顾客反感。

3)介绍

介绍是日常交往的礼节之一,应讲究次序,讲究礼貌,遵循一定基本原则:将男士介绍给女士;将年轻者介绍给年长者;将职位低的介绍给职位高的。集体介绍时,则应当先高后低、先长后幼、先女后男等。

介绍时,要注意实事求是,掌握分寸,既重视位高者,又不轻慢一般人,力争记准被介绍者的姓名或职务。介绍姓名时,要口齿清楚,发音准确。被介绍人员众多时,至少要记住对方主要人物的姓名及与自己专业对口的相应人员的姓名。如果没记准对方某人的名字,最好不要直接去问对方,可侧面暗中向他人打听,否则,会显得你不机敏、办事不严谨或对对方不够重视。

当别人介绍自己时,要从座位上起立,表示出很愿意认识对方的样子,主动把手伸过去与对方握手,说一声"您好!"如果对方是女士,则应等对方伸出手后去握手,如她不伸手,可以点头致意。别人向自己介绍时,应当主动、热情地伸出手并说:"欢迎,欢迎!幸会,幸会!"

4)握手

通常情况下,当介绍者介绍完毕后,被介绍双方应握手致意。握手是大多数国家人们相见和离别时的交际礼节,表示友好、祝贺、感谢或相互鼓励。

(1)握手的顺序

握手有先后。一般由主人、年长者、职位高者、女士先伸手,客人、年轻者、职位低者见面先问候,待对方伸手后握住对方的手。异性之间握手时,男士要等女士先伸出手,如果女方没有握手的意思,男方可点头礼表示礼貌。多人握手时,不要交叉,可等待别人握手后伸手与别人相握。

需要强调的是,上述握手先后次序不必处处苛求于人。如果自己是尊者或长者、上级,而位卑者、年轻者或下级抢先伸手,最得体的就是立即伸出自己的手,而不要置之不理,以免对方难堪。

(2)握手方式

正确的握手方式:垂直站立,右手稍稍用力握住对方的手,然后身体略微前倾,全神贯注地注视对方,以表示尊重。一般不要坐着与人握手,在与别人交谈时不能漫不经心地与另一个人握手;严禁在他人头顶上与对方握手;就餐时,如果确有握手的必要,应离开座位与对方握手,不能在餐桌或食物上方握手。

(3)握手时间

双方握手的时间一般以3~6秒为宜。异性间握手时间应以1~3秒为宜。如果双方个人关系十分密切或熟识,握手的时间可适当延长并可以稍用力并摇晃几下,表示感情热烈、真诚。须注意的是,如果握手的时间过短,彼此两手一经接触后就立即松开,顾客就会感觉你出于客套、应酬,没有进一步加深交往的期望或者双方对此次谈判信心不足,与你产生距离感。

(4)握手的禁忌

握手时,要避免用左手与他人握手或戴手套、墨镜与人握手,也不要将另一只手插在衣袋里或依旧拿着东西,当然,也不能在与人握手之后立即擦拭自己的手掌,好像与对方握手就会使自己受到病毒、细菌传染似的,这会给人留下不好的印象。

(5)名片

名片既是身份说明,也是交际和商务活动的信息来源与手段,是一种简明的礼节性沟通媒介。

递给别人名片时,应用双手的食指和大拇指分别夹住名片左右两端,名片上名字反向对己,正向对着对方;别人给名片时,空手的时候必以双手接受;接受之后一定要马上过目,不可随便瞟一眼或怠慢;遇到名字难读时要虚心请教:"对不起,请问全名怎么读?"这丝毫不会降低你的身份,更不会伤害对方,只会使对方感到你很重视他;一次接受几张名片并且都是初次见面时,千万要记住哪张名片是哪位的。如果是在会议席上,不妨拿出来摆在桌上,排列次序和对方座次一致,这种举动会使对方认为受到重视。需要注意的是,不要把对方的名片放在桌上随便用东西压在上面,否则很容易引起对方反感。

5）微信

现如今,微信已成为营销人员最常用的通信软件、自媒体。在使用微信过程中,应注意以下几个问题。

（1）名称使用

因公使用微信时,不能用古怪的、容易有歧义或让人反感的、过于个性的名称。避免使用消极、不健康的个性签名。

（2）慎重刷屏

即使想和大家分享的内容多,也应该控制发朋友圈的数量,注意使用频率。

（3）注意内容

以文字形式说几件事时,为方便对方阅读,最好分段或加序号。发送微信前要审核,看内容是否表达清楚,避免错字、别字、容易引起歧义的话或图释、数字、标点错误。发送前,再次确认联系人,避免发错对象。重点事情发送后未得到回复时,应主动电话联系,以免误事。另外,收到他人微信时,应及时回复,以免对方牵挂。

（4）慎用语音

当涉及复杂的、重要的内容或数字时,应避免使用微信语音。加微信后初次沟通时,最好不用语音。听微信语音时最好戴耳机,除非周围没有他人。也可将语言转为文字阅读。

【学习借鉴】

25位顾客对推销人员言行举止的要求

1. 只要告诉我事情的重点就行。我不要又臭又长的谈话,请有话直说。

2. 告诉我实情,不要使用"老实说"这个字眼,它会让我紧张。如果你说的话让我怀疑,或者我根本就知道那是假的,那么你出局了。

3. 我要一位高道德的推销员。推销员经常因为少数几个低道德没良心的害群之马而背上莫须有的罪名。能够为你的道德良心作证的,是你的行为,而非你所说的话。

4. 给我一个理由,告诉我为什么这项商品再适合我不过了。在购买之前,我必须知道它所能够带给我的好处。

5. 证明给我看。如果你能证明的话,我购买意愿会比较强烈。

6. 让我知道我并不孤单,告诉我一个与我处境有点类似的成功案例。

7. 给我看一封满意客户的来信。事实胜于雄辩。

8. 商品销售后,我会得到什么样的服务,请你说给我听、做给我看。

9. 向我证明价格是合理的。

10. 告诉我最好的购买方式。

11. 给我机会做最后决定,提供几个选择。

12. 强化我的决定。

13. 不要和我争辩。

14. 别把我弄糊涂了。

15. 不要告诉我负面的事。

16. 不要用瞧不起我的语气同我谈话。

17. 我在说话的时候,请注意听。

18. 让我觉得自己很特别。

19. 让我笑。

20. 对我的职业表示一点兴趣。

21. 说话要真诚一点。

22. 当我无意购买时,不要用一些老掉牙的推销技巧向我施压。

23. 当你说要送货时,要做到按时并保证质量。

（资料来源:章月.销售圣经[M].呼和浩特:远方出版社,1997.）

【做一做】

一、推销素质自我测试

答案为常常如此、有时如此、从未如此3个选项。

1. 你真心喜欢你周围的人吗?

2. 必要时你会主动与人握手吗?

3. 与人谈话时,你会投以亲切的眼神吗?

4. 表达意见时,你会采用简单、清晰的语言吗?

5. 你会适时表现幽默感吗?

6. 你能向客户讲出 5 种以上购买理由并说明你为什么推销这些有价值的东西给他吗?

7. 你的穿着是否整洁得体? 它适合你所推销的产品吗?

8. 你给人生活充实、成功的印象吗?

9. 遇到不如意的事时,你很容易沮丧吗?

10. 你能正确回答关于你所推销产品的各种问题吗?

11. 你能准时赴约吗?

12. 如果别人请你服务,你相信这是推销的一部分吗?

13. 你擅长制作各种报告、数据图表及统计资料吗?

14. 你希望从人际交往中获得即刻回报吗?

15. 你认为推销工作应该有固定的工作时间吗？

1～14 题:常常如此得 6 分,很少如此得 4 分,从未如此得 2 分。第 15 题:常常如此得 2 分,很少如此得 4 分,从未如此得 6 分。

74～90 分:天生推销员,喜欢与人接近,知道如何与人相处,推销产品时非常诚恳、踏实。

52～72 分:中等,有推销方面潜质,只要经过努力和培训可以成为出色的推销员。

30～50 分:最好不要从事推销工作,因为推销工作会令他很不开心。并不是他有什么问题和毛病,而是推销工作不适合他。

（资料来源:彦博. 推销员必读［M］. 北京:中国商业出版社,2008.）

二、经典案例阅读

一所看起来井井有条的农舍前,一位推销电器的年轻人在敲门。听到敲门声后,妇女只将门打开一条小缝,看到来人像推销员,猛然把门关紧了。推销员再次敲门,敲了很久,她才又将门打开,仍然勉强地开了一丝小缝,而且,还没等推销员说话,就不客气地破口大骂。

虽然事情比想象中艰难得多,但推销员不想放弃。他决定换个法子碰碰运气。他说:"太太,您误会了,我来拜访您,并不是来推销东西的,我只想向您买一些鸡蛋。"

听到这儿,这位妇女的态度温和了一些,门开大了一点。推销员接着说:"您家的鸡长得真好,它们的羽毛长得真漂亮。这些鸡大概是多明尼克种吧! 您这儿还有储存的鸡蛋吗?"

这时,门开得更大了。

这位妇女问:"你怎么知道这是多明尼克种鸡?"

推销员知道自己的话已经打动妇女,接着说:"我家也养了一些鸡,可是不像您家养得这么好,我家饲养的鸡,只会生白蛋。太太,您应该知道,做蛋糕用黄色的鸡蛋比白色的鸡蛋要好一些。因为我太太今天要做蛋糕,所以我跑到您这儿来了……"妇女一听,心里暗暗高兴,她迅速转身到屋里取鸡蛋。

推销员利用这短暂的时间,迅速看了一眼周围的环境,他发现角落有一整套务农设备,妇女出来的时候,他对她说:"太太,我敢肯定,您养鸡赚的钱一定比您先生养奶牛赚的钱要多。"

这句话说得妇女眉开眼笑、心花怒放,因为她丈夫一直不承认这件事,而她总想与别人分享自己的成就感。

于是,她解除了对推销员的戒备心,把推销员当作知己,带他参观鸡舍。参观时,推销员不时发出赞叹声。两人畅所欲言,互相交流养鸡常识和经验,他们越来越像认识已久的朋友。当妇女谈到孵化小鸡的一些麻烦和保存鸡蛋的一些困难时,推销员不失时机地向妇女成功推销了一台孵化器和一只大冰柜。

（资料来源:吴蓓蕾. 把斧头卖给美国总统［M］. 北京:新华出版社,2006.）

思考 1. 案例中,年轻推销员是怎样取得成功的? 从他身上你看到了哪些素质与能力?

2. 这个推销员对你有什么启发呢?

三、实践训练

［目的］

通过任务 1,让学生从成功推销员身上总结优秀素质及能力;通过任务 2,让学生在生活中接触推销员,积累经验。

[内容]

任务 1:阅读成功推销员的故事。

任务 2:采访身边从事推销工作的人们,了解他们的感悟与心得。

[参与人员要求]

实训指导:任课老师。

实训编组:学生按每组 4 人分成若干小组。

从各种媒体阅读成功推销员的故事,记录你喜爱的经典故事及名言,填写表3-1;采访身边从事推销工作的人们,了解他们的推销感悟,填写表3-2。

表 3-1 成功推销员的故事及名言

推销员姓名及身份	经典故事及名言

表 3-2 身边推销员的经历及感悟

推销员姓名及身份	推销经历	感悟与体会

[实践训练步骤]

1.学生按 4 人分成若干组,组成小组。

2.每个学生课余时间填写表 3-1,课上组内交流。

3.小组成员课余时间填写表 3-2,课上小组展示。

4.师生共同完成实训小结。

[认识和体会]

阅读成功推销员的故事和采访身边从事推销工作的人们,了解他们的感悟与心得,认识推销人员优秀素质及能力的重要性,并积累相关经验。

【任务回顾】

学习本任务,我们初步明确推销人员的基本职责、角色和观念,掌握一名推销员应具备的基本素质及能力,了解推销员的有关礼仪常识。阅读成功推销员的故事和采访身边从事推销工作的人们,了解他们的感悟与心得,认识推销人员应具备的优秀素质及能力,并积累相关经验。

【名词速查】

1. 职业素质:指人们从事某一职业应当具备的基本的修养和品行。

2. 推销人员的职业能力:指在特定工作场所中推销人员说服顾客、顺利地将产品销售出去并顺利收回货款的能力。

3. 推销观念:推销观念是推销员从事推销活动的根本指导思想,是推销员工作的基本行为准则。

【任务检测】

一、单选题

1. 推销人员的主要职责指( )。

    A. 收集信息   B. 开拓市场   C. 销售产品   D. 提供服务

2. 推销员懂得运用"二八"规则,表明他具有一定( )。

    A. 顾客观念   B. 时间观念   C. 竞争观念   D. 创新观念

3. 营销专家告诫我们,推销人员要培养自己的第二天性,那就是( )。

    A. 自信   B. 热情   C. 坚持   D. 诚信

4. ( )指人们熟练地运用语言艺术,与他人交流、传递思想并被对方理解和接受的过程。

    A. 表达能力   B. 观察能力   C. 沟通能力   D. 社交能力

5. 双方握手的时间,一般以( )秒为宜。

    A. 1～3   B. 3～6   C. 6～8   D. 8～10

二、多选题

1. 推销人员的基本职责主要包括( )。

    A. 收集信息   B. 开拓市场   C. 销售产品   D. 提供服务

2. 推销人员担当着( )角色。

    A. 企业形象代表   B. 热心服务者   C. 信息情报员   D. "客户经理"

3. 较常见的寒暄类型包括( )。

    A. 致意型   B. 问候型   C. 攀认型   D. 敬慕型

4. 推销人员的衣装一般应遵循 TOP 原则,即( )。

    A. 时间原则   B. 地点原则   C. 季节原则   D. 场合原则

5. 推销人员须掌握的基本知识包括( )。

    A. 产品知识   B. 用户知识   C. 市场知识   D. 企业知识

三、判断题

1. 任何企业的推销员,都承担着一些相同的基本职责。   ( )

2. 异性之间握手时,男士应当主动向女士伸出手来。   ( )

3. 接过对方递给自己的名片后,我们应该很快地将其塞进口袋里。   ( )

4. 在与他人打交道时,推销人员要有自控、忍让精神,必要时可以放弃原则。   ( )

5.推销人员不但应当具备一般能力,而且需要一定特殊能力,即职业能力。　　（　　）

四、思考题

1.作为一名推销员,你认为他/她应当具备哪些基本素质?

2.若想成为一名优秀的推销员,你需要培养自身哪些能力?

3.你能简单谈谈介绍方面的礼仪常识吗?

任务3　任务检测

参考答案

任务 4
寻找顾客

茫茫人海,何处寻找准客户?准顾客对企业很重要吗?如何去寻找呢?本章带领大家一同去找寻。

教学目标

1. 认识准顾客的内涵。

2. 掌握寻找顾客的思路和方法。

3. 了解顾客档案对企业的重要性。

学时建议

1. 知识学习 4 课时。

2. 案例学习讨论 2 课时。

3. 现场观察学习 4 课时(业余自主学习)。

【导学语】

和妻子逛商场时,阿贵发现妻子老跟商店的售货员打招呼,他奇怪地问:"你朋友?"妻子笑笑说:"不是,只是经常逛,便熟悉了。"正在纳闷时,阿贵只听见一间商店的营业员叫道:"王姐,进来坐坐,有新款到……"话音未落,妻子已走进商店。

怎么会熟悉到这程度呢?会不会便宜点呢?

【导学案例】

毕业后,小王直接走上推销工作岗位,干了一周以后,因为找不到顾客,心灰意冷,因此,向主管提出辞职。

主管问:"为什么要辞职呢?"

他回答:"找不到顾客,没有业绩,只好不干了。"

主管拉着他走到窗口,指着大街问:"你看到什么?"

"人啊!"

"除此之外呢?"

"除了人,就是大街。"

主管又说:"你再看一看。"

"还是人啊!"

主管说:"在人群中,你难道没有看到许多准顾客吗?"

小王恍然大悟,感谢主管指点,继续努力寻找顾客。

从案例中我们看到,顾客来自潜在顾客,如果能够始终维持一定量的、有价值的准潜在顾客,就有了长时间可能获得的收入保证。潜在顾客是推销员赖以生存并得以发展的根本。那么,究竟什么是"准顾客"?如何寻找呢?

提示 潜在顾客是推销员的最大资产,是推销员赖以生存并得以发展的根本。

推销工作是不是建立良好的人际关系?本任务将带领大家学习如何寻找准客户。

【学一学】

4.1 准顾客的内涵

4.1.1 准顾客的概念和条件

1)准顾客的概念

准顾客(潜在顾客),就是可能购买某种产品或服务的顾客,也就是某种产品或服务的潜在购买者,通常被称为买主。

一般情况下,推销员要面对以下几种准顾客。

(1)现有顾客

现有顾客指近期购买企业产品或者服务的顾客。这类顾客对推销员、企业产品及服务有一定了解,推销员应与他们加强联系,了解他们对企业和产品的看法,提升顾客的好感度,将这部分顾客发展为企业或产品的义务宣传员,使其帮助自己发展新顾客。

(2)曾经顾客

这部分顾客包括以前与推销员或企业打过交道,但由于产品质量或价格等原因没能达成交易;或者虽然购买了企业产品,但在使用产品时对售后服务产生异议而不再购买企业产品的顾客。推销员应及时与这部分顾客联系,主动表示歉意,重新建立顾客关系。推销员只要保持诚恳的态度积极与顾客沟通,就能让曾经顾客成长为准顾客。

(3)将来顾客

这部分顾客尚未购买企业产品,但可能与企业或产品发生联系。如,一位刚毕业的大学生可能是商品房的将来顾客,如果与之建立联系,经过一定时期,推销员就能将这位大学生由将来顾客转变为现实顾客。当然,要把将来顾客转变为现实顾客的工作,推销员需长期坚持推销的诚心、恒心与毅力,这三者是推销员优良职业能力的体现。

2)准顾客的3个条件

顾客就是人或组织,而这个人或组织要成为准顾客,至少具备以下3个条件:有需求、有权力、有一定收入。

(1)需求(Need)

在推销工作中,推销员要明确顾客需要什么、要多少、可以出多少价格、什么时候要、对产品或服务有何要求等。只有了解了顾客的需求,才能将需求转化为购买动机,产生购买行为。

故事 1

驴带着其生产的防毒面具来到森林销售,动物都说:"森林里空气清新,阳光明媚,防毒面具没用。"驴没放弃,在森林里最热闹的广场张贴了一张招聘广告,招聘50名员工到森林里未被开发的地方伐木。一个月后,驴张贴了另一张招聘广告,招聘50名建筑工人盖起了工厂。几个月后,工厂浓烟滚滚,慢慢地,森林空气受到严重污染,驴生产的防毒面具销路越来越好。动物们都称赞驴未卜先知,能在一年前看到市场,驴笑了笑。一只动物很好奇地问:"驴先生,请问你的工厂生产什么呢?"驴看了看动物们,意味深长地说:"生产防毒面具。"

🧐**思考**为什么小动物们开始不需要防毒面具呢?

如果你推销的对象对你的产品或服务没有需求,那么他自然不是你要寻找的人。

(2)权力(Authority)

当了解顾客的需求后,推销员要明确推销的对象是否有决定购买的权力。找具备购买权力的人,才能将推销工作进行下去。许多推销员最后未能成交的原因就是找错人,找了一个没有决定购买权的人。

故事 2

小张在一家玩具生产企业做业务推广,他与一家玩具代理商的副总谈了两个月,彼此都非常认同,但却没有签订合同。原因是拥有决策权的总经理是该副总的夫人。你想想看,公司总经理是夫人而先生是副总经理,副总有决策的权力吗? 小张与副总谈了两个月,浪费了很多时间,业务自然无疾而终。

💡**提示**有时使用者、决策者和购买者往往不是同一个人。小孩儿是使用者,决策者可能是妈妈,购买者可能是爸爸。

🧐**思考**小孩儿想买玩具,你该向谁推荐?

(3)钱(Money)

钱,是最为重要的一点。

不管推销的对象(人或组织)的购买欲望多么强烈,决策权力多大,也不管产品能给他或他们带来的利益多么大,关键的是,他们是否具备购买能力。

🧐**思考**(1)刘先生刚买了一部空调,你再向他推销空调,他会买吗?

(2)如果你向一个月只收入5 000元的上班族推销一部奔驰车,他虽然很想买,但付得起吗?

所以,在寻找准客户时,推销员应该判断其是否具备以上3个条件,3个条件缺一不可。也就是说,准顾客必须同时具备购买能力(钱,M)、决策权(权力,A)和需求(N),凑成一个人(MAN),若凑不成一个人(MAN),自然不是你要寻找的人(准顾客)。

4.1.2　准顾客筛选认定的作用

准顾客认定,就是分析判断你所寻找的人或组织是否是潜在顾客的过程,即审查MAN的过程。

1)提高访问成功率

认定准顾客,避免或减少访问不可能成为准顾客的人和组织,有利于提高访问的成功率。换句话说,如果选择了错误的方向,我们将面对失败,这是寻找潜在顾客的重要性所在,也就是"先做正确的事,后正确地做事。"

2)节省推销访问的时间、精力和费用

少访问或不访问一些不合适的顾客,可以减少在这个顾客身上所投入的时间和精力、节省访问的费用、提高访问效果、增加访问效益。

3)减少盲目性,有的放矢实施推销策略

推销员如果加强分析顾客的需求、购买力及购买决策,制订相应的推销计划,就能减少工作的盲目性,使推销更具有目的性和针对性,实现推销目标。

故事 3

一天,工行东门支行行长接到一位客户电话,客户向行长反映东门支行服务态度不好,他打算将存款转存他行。该客户只是一个小客户,平常业务很少。但行长没有轻视,认真、虚心听取了顾客的意见,积极寻找问题的原因,对客户耐心、细致地解释,最后,还对客户做出承诺:"下次要是再碰到这种情况,错就是我的,你直接找我,我负完全责任!"客户被行长的诚挚态度所感动,同行长交上了朋友,两人一聊就是一晚上。后来,随着业务发展,该客户每年都给银行带来几百万元存款,成为银行的高端客户。

思考 你从故事中得到什么启示?

4.2 寻找准顾客的途径和基本方法

4.2.1 寻找准顾客的途径

1)让核心人物帮助寻找准顾客

推销员可以寻找有着广泛社会联系和影响的人以及组织代表,使其成为寻找准顾客的核心人物。通过核心人物介绍,获得准顾客信息。核心人物可以是与推销员建立良好关系的现在顾客,可以是老推销员,可以是与企业关系密切的行业领军人物,也可以是政府相关部门的负责人等。

2)丰富的社交活动可建立广泛的信息渠道

丰富的社交活动是寻找准顾客的最佳时机,推销员可以利用节日、企业庆典日等,组织或参加座谈会、培训会、演讲会、音乐会、喜宴等,在这些社交场所里发现并发展准顾客。推销员要不断拓宽自己的社交面,以便为自己建立信息渠道。记住,一个好的推销员要随时随地寻找准顾客,只要有心寻找,准顾客无处不在。

3) 妥善运用人际关系,牢记人际连锁效应

推销工作目标之一就是建立良好的人际关系并充分利用人际关系为自己的工作服务。优秀的销售主管指导新推销员时,重要的一项就是要求他列出所有认识的人,比如亲戚、朋友、同事、同学、同乡、邻居等。然后从中选出不同等级的客户,一个一个拜访。

人天生有分享的习惯,这就是我们常说的好东西要与好朋友分享。推销专家认为,每个人都有250个朋友,所以推销员要学会培养忠诚的顾客,运用他人介绍的力量获得更多准顾客,逐渐裂变,一生二,二生四,四生八,这样才能生生不息,推销效果才能事半功倍。

4.2.2　寻找准顾客的基本方法

茫茫人海,我们去何处寻找准顾客呢? 是印好名片见人就发,还是漫无目的满大街找? 是与顾客建立良好的关系,还是积极主动创造市场、培育市场、培育准顾客?

在推销实践中,我们必须学习和总结寻找准顾客的方法,提高推销效率。

1) 陌生拜访法

陌生拜访法指对推销对象的情况一无所知或了解较少时,推销人员直接上门拜访准顾客的方法。采用这种方法寻找顾客时,要明确推销品的特征及推销适应的人群或组织、做访问计划、确定推销目标。推销员采用这种方法寻找准顾客,能获得市场信息,扩大产品和企业的影响,锻炼意志,积累经验,陌生拜访法是寻找准顾客常用的方法。

该方法遵循“平均法则”,即认为在被寻访的所有对象中销售人员所要的客户必定存在而且分布均匀,其客户的数量与访问的对象的数量成正比。推销员不可能与拜访的每一位客户达成交易,应当努力拜访更多客户来提高成交的百分比。如,10次拜访中1次成交,那么100次拜访就会成交10次。因此,只要无遗漏地寻找查访特定范围内所有对象,就一定可以找到足够数量的客户。通常在完全不熟悉或不太熟悉推销对象的情况下采用这种方法。但由于推销员面对的是陌生人,推销盲目性较高,推销员的大量时间和精力会被浪费,顾客容易产生对立情绪,从而使推销工作受到影响。

2) 连锁介绍法

连锁介绍法又称客户引荐法或无限连锁法,指推销人员请求现有顾客介绍未来可能的准客户的方法。在西方,连锁介绍法被称为最有效的寻找顾客的方法之一,被称为黄金客户开发法。

相关数据表明,50%的顾客都是通过朋友介绍而购买商品的。这种方法建立在良好的人缘基础上,顾客之间互相联系、互相影响,所以成功概率比较高。这种方法的关键是,首先,要取信于第一个顾客;其次,要不断向“顾客链”传动系统增添“润滑剂”,经常与现实顾客保持联系,使顾客链不停运转。此法的关键是推销人员能否赢得现有客户的信赖;缺点是推销工作处于被动地位,如果现有顾客没向他的熟人和朋友介绍产品,推销工作就无法开展下去,一旦关系网中某个人的形象出现负面影响,该影响就会造成连锁反应,影响产品和企业形象。

3）广告拉动法

广告拉动法指推销人员利用各种广告媒介寻找顾客的方法。推销人员将大量经过特别创意设计的、具有吸引力与感染力的广告宣传资料或者为一些特定准顾客亲笔写的促销信函寄发给潜在顾客，以吸引大量潜在顾客，提高产品和企业的知名度。采用这种方法寻找准顾客，关键在于正确选择媒介，以较低广告费用取得较好广告效果，在较短时间内说服顾客、寻找顾客、节省时间、提高效率。当然，在广告满天飞的今天，广告媒介选择不当，就会造成很大浪费，而且不容易测定广告的实际效果。

4）市场培育法

市场培育法指推销人员在相对稳定的企事业单位开拓团队，并定人、定时、定点开展服务和销售活动的方法。正如小故事中驴销售防毒面具一样，没有市场，就创造市场、培育市场。推销员可以收集来自政府相关部门如工商管理部门、统计部门、税务部门、科研单位等政策与信息，培育市场，寻找准顾客。也可咨询行业信息来培育市场。市场培育法方便迅捷，信息准确可靠，有利于推销员建立准顾客寻找渠道。当然，如果过分依赖这些信息而不分析、研究，推销员就会失去开拓精神和发现准顾客的机会。

5）Internet 搜索法

Internet 搜索法，指推销员通过网络搜索潜在顾客的方法。在网络搜索时，推销员可以选择比较合适的关键词，借助目前飞速发展的强大互联网搜索引擎，例如 Google、Baidu、Yahoo、Sohu、微信等，获得相关关于潜在顾客的资料和信息。对新推销人员来说，网上寻找顾客是最好选择。Internet 搜索法为推销员查询顾客相关信息提供了极大方便，节约时间和费用，减少了盲目性，所获得的资料也比较可靠。但有时推销员会因为顾客资料有限或资料不全而判断错误，难以完成寻找准顾客工作。

在推销实践中，寻找准顾客的方法是千变万化的，不能简单照搬硬套、墨守成规、教条主义。在实践中，推销员要单一使用或者组合使用以上方法，寻找准顾客，灵活应变，善于总结，勇于突破。总之，无论采用何种方法，贵在推销员用心与坚持，以及有毅力和恒心。推销员只要坚持推销原则、坚守职业道德、用心总结成功经验，就能寻找到顾客，获得成功。

故事4

西方国家的汽车推销员，往往雇用汽车修理站的工作人员当"猎犬"。这些推销助手负责介绍潜在购买汽车者，发现修车的车主打算弃旧换新时，就立即将潜在顾客介绍给汽车推销员。所以，推销员掌握的信息稳、准、快，又以最了解汽车性能特点的内行身份进行介绍，容易取得准顾客的信任，效果一般都比较好。

【学习借鉴】

六字口诀留住顾客

做好小服务，就有大业绩。仅仅了解消费需求、培养顾客，就有许多重要细节，不过，若好好记住六字口诀——倾、记、续、产、生、钱,相信客人一个都跑不掉!

积极"倾"听:与顾客聊天,是获得顾客信息的最好方法。在聊天过程中,尽量让顾客多说,自己多倾听,多互动。

通过对话,清楚明白顾客真正想要的东西,从众多商品中搜寻出适当的产品,将产品推荐给消费者,实体门店更可以让消费者亲自"尝试",比如试喝、试吃、试用等,以确认购买需求、提升信任。这可说是成交的基础。

"记"录重点:既然已经听了顾客的谈话,详细记录,遇到同样的顾客或情况时,就能知道如何应对,并且可以延伸话题。

记下顾客的谈话内容、使用习惯与频率,是顾客追踪的重要依据。

故事延"续":已经积极倾听并仔细记录,关键就来了——"故事延续"! 这是培养忠诚顾客、让顾客"感受"到受尊重和受重视的关键。

举例说明,看到怀孕顾客时,推销员一般多会关心地问:"怀孕多久了? 预产期是何时?"认真记下客人的回应与潜在需求,顾客再出现时,马上就可以多加关心:"喔,距离预产期还有3个月,难怪这次看起来肚子大好多哦!"

故事不就延续了吗? 让顾客感受到你对她重视及关心,真心将她的生活放在心上。

"产"品相关:现在,消费者对销售人员的服务态度、产品专业的要求更高。所以,身为销售人员,不断精进相关专业知识,是相当重要的。

专业知识分为自身产品规格、功能、价格、促销档期等。

"生"活相关:家庭成员、生活范围、喜好相关事物。

顾客的家庭成员包括哪些? 家中是否有长辈? 是否有小孩儿? 小孩儿多大年纪? 生活习惯如何? 有无遗传病史? 平时有啥小毛病? 有无养生偏好? 等等。

金"钱"相关:如果销售的是高单价产品,就要了解顾客的消费习惯、职业、品位、嗜好等。这并不是筛选顾客,而是协助顾客分析需求,不让其在购买时有过多压力。

运用六字口诀:积极"倾"听、"记"录重点、故事延"续"、"产"品相关、"生"活相关、金"钱"相关,真诚服务,让顾客感受到尊重、重视、关心。"倾、记、续、产、生、钱"就是培养忠诚顾客的不二法门。

4.3 建立顾客档案,做好顾客资料管理

故事5

香港一家名不见经传的酒店没有任何星级标识,但有很多社会名流入住。一位多年只住该酒店的VIP顾客这样解释:"服务! 服务让我只要到香港就会入住该酒店。"该顾客回忆:"想当年,我刚到香港开拓市场,不敢住星级酒店,只好找一家小酒店。一天,我刚进酒店大门,大堂经理便走了过来,请服务员接过我手中的行李,把我带到大堂休息厅,然后与我拉家常似的闲聊,并不时将我说的写下来,然后将写好的纸条递给服务员。不一会儿经理告诉我已经登记好了,现在可以上楼去看看房间是否满意。就在这时,奇迹发生了,当走进房间,我发现这正是我想要的干净整齐、窗子面向东的房间。"而最让他感动的是,桌上放着新鲜的芒果汁。原来,经理与他闲聊是有目的的,一切都是为了安排他满意的房间。一年后,随着

公司业务发展，他再次来到香港，试着打电话给酒店联系住宿。当他抵达酒店时，酒店已将房间准备好。当跟随服务员进入房间时，他发现房间和一年前一样，窗子面向东、刚榨好的芒果汁已放在桌上，那种回家的感觉油然而生。他忍不住找来经理，问其为何知道自己的爱好，经理笑着说：只要入住过本酒店，其顾客档案便会保留下来，你再次光临时，我们可以调用你的所有信息进行合适的安排。当然，顾客信息会随着你每次入住而更新。该客户说："虽然我的企业现在已是世界500强，我有钱住更好的酒店，但这更像我的家，住在家里的感觉肯定是非常舒服的。"

思考 你从故事中得到什么启示？我们应如何建立顾客档案？建立顾客档案有什么作用呢？

1）建立顾客档案的目的

①建立顾客档案，可以帮助推销员接近顾客，更了解顾客，能够有效地跟顾客讨论问题，赢得顾客的信任。

②建立顾客档案，可以定期联系潜在顾客或者将公司推出的新产品推广给顾客，能够与顾客成为朋友，用时间、精力和耐心赢得客户，积累长期稳定的顾客。

③建立顾客档案，是为了定期对顾客分类管理、重点跟踪，了解不同类型顾客情况，有针对地开展顾客管理。

2）建立顾客档案，加强顾客资料管理

（1）收集资料

推销工作的第一步就是收集顾客资料。这里所说的顾客资料，就是顾客档案，是顾客的所有资料，包括他们的嗜好、学历、职务、成就、旅行过的地方、年龄、文化背景、生日、电话、地址、财务信用及其他任何与他们有关的事情（总之越细越好），是有用的推销资料。对于团体顾客，除了收集主要联系人的资料外，还须收集公司（单位）的信息，包括公司（单位）地址、主要电话号码、邮编、电子邮件地址、主要产品或服务、经营项目、主要需求等。

（2）保存资料

较详细地收集顾客资料后，推销员就要重视、保存这些珍贵的第一手顾客资料，以便以后采用逐个拜访、邀请座谈、行业研讨、产品服务展示、电话营销等方式开展顾客沟通工作和管理顾客关系。经过几次沟通联系后，推销员会发现，这些原本潜在顾客已不再陌生，良好的顾客关系能让潜在顾客逐步成为现实顾客，推销工作效果自然水到渠成。

（3）顾客管理

将顾客资料分类管理，有利于推销员有目的地开展推销沟通，这是建立顾客档案的最终目的。在管理时，我们可以将顾客分为以下几种。

①现实顾客，指目前与推销员正在合作或者配合的顾客，管理级别可定为 A 级。对于这部分顾客，推销员要提供主动、优先、优质的服务，并根据顾客需要，及时提供新产品、新服务项目，经常保持与顾客沟通联系。

②意向顾客，指与推销员有合作意向的顾客或者谈判中的顾客，管理级别可定为 B 级。对于这部分顾客，推销员可以加大推销宣传活动，继续与顾客保持联系，必要时通过一些活

动如联谊和优惠与顾客进一步合作。

③潜在顾客,是针对现实顾客而言的,是可能成为现实顾客的个人或组织,管理级别可定为 C 级。对于潜在顾客,推销员要重视开辟新市场、开发新产品,树立品牌营销意识,将质量高、价格低、服务好的产品推荐给潜在顾客,顾客感受到产品所带来的实惠,才会自觉、自愿地"转向",投入你的怀抱。

合理选择推销潜在对象,可以制作顾客信息卡或顾客档案表等,将可能的顾客名单及其掌握的背景材料用分页卡片记录下来(见参考式样)。

顾客档案表(个人)

编号:

姓　名		性　别	
出生日期		学历及母校	
家庭状况		收入(月)	
工作单位		职务、职称	
地　址		固定电话	
E-mail		移动电话	
性格爱好		体貌特征	
购买行为情况	时　间	商品名称	单　价	数　量	意　见

顾客档案表(组织)

编号:

企业基本情况	企业名称		注册资金	
	单位地址		联系电话	
	开业时间		开始交往时间	
	生产经营状况		信用状况	
企业负责人情况	姓　名		出生日期	
	职务、职称		联系电话	
	性格爱好		学历及毕业学校	
企业采购人情况	姓　名		出生日期	
	职务、职称		联系电话	
	性格爱好		学历及毕业学校	
购买行为情况	购买时间	商品名称	单　价	数　量

目标顾客分析表

内容\等级\项目	具备准客户要求条件的程度	计划访问次数	计划购买产品的时间	计划购买推销产品的数量
A 级	具备完整购买条件	1 周访问 1～2 次	计划当月就购买产品	
B 级	虽未具备完整购买条件,但具有访问价值	隔 1 周须访问 1 次	2～3 个月内购买产品	
C 级	尚不具备完整购买条件,偶尔可以访问	应该每月访问 1 次	半年内购买产品	
D 级	尚不具备完成购买条件,但从长远看有一定开拓潜力	顺路访问或电话访问即可	1 年内购买产品	

客户情况的综合评价表

	客户评比资料	评 语	问 题	改进措施
1	客户的基本情况			
2	每次订购产品的数量			
3	订购产品的次数(每年)			
4	占公司推销总额的比例			
5	推销费用水平			
6	货款回收情况			
7	客户对本公司的评价			
8	客户对推销业务的支持程度			
9	访问计划			

【学习借鉴】

乔·吉拉德的销售秘诀

乔·吉拉德,因售出 13 000 多辆汽车创造了商品销售最高纪录而被载入吉尼斯大全。他曾经连续 15 年成为世界上售出新汽车最多的人,其中,6 年平均售出汽车 1 300 辆。销售是需要智慧和策略的事业。每位推销员都有自己独特的成功诀窍,乔的推销业绩如此辉煌,他的秘诀是什么呢?

一、250 定律:不得罪顾客

每个顾客都有大约 250 个与他关系比较亲近的人:同事、邻居、亲戚、朋友。

如果一个推销员在年初一个星期里见到 50 个人,只要其中两个顾客对他的态度感到不愉快,到了年底,由于连锁影响,就可能有 5 000 个人不愿意和这个推销员打交道,他们知道一件事:不要跟这位推销员做生意。

这就是乔·吉拉德的 250 定律。由此,乔得出结论:在任何情况下,都不要得罪顾客。

在乔的推销生涯中,他每天都将 250 定律牢记在心,抱定生意至上的态度,时刻控制着自己的情绪,不因顾客刁难、不喜欢对方或心绪不佳等而怠慢顾客。乔说:"你只要赶走一个顾客,就等于赶走了潜在的 250 个顾客。"

二、名片满天飞:向每一个人推销

每一个人都使用名片,但乔的做法与众不同:他到处递送名片,在餐馆就餐付账时,他要把名片夹在账单中;在运动场上,他把名片大把大把地抛向空中,名片漫天飞舞,就像雪花一样,飘散在运动场的每一个角落。你可能对这种做法感到奇怪。但乔认为,这种做法帮他做成了一笔笔生意。

乔认为,每一位推销员都应设法让更多人知道自己是干什么的和销售什么商品。这样,当人们需要他的商品时,他们就会想到他。乔抛散名片是一件非同寻常的事,人们不会忘记这种事。

当买汽车时,人们自然会想起那个抛散名片的推销员,想起名片上的名字——乔·吉拉德。同时,要点还在于,有人就有顾客,推销员如果让他们知道自己在哪里和卖的是什么,就有可能得到更多生意。

三、建立顾客档案:更了解顾客

刚开始工作时,乔把搜集到的顾客资料写在纸上,塞进抽屉里。后来,因为缺乏整理而忘记追踪某一位准顾客,他意识到自己动手建立顾客档案的重要性。他去文具店买了日记本和一个小小的卡片档案夹,把原来写在纸片上的资料全部做成记录,建立起了他的顾客档案。

乔认为,推销员应该像一台机器,具有录音机和电脑的功能,在和顾客交往过程中,将顾客所说的有用情况都记录下来,从中把握一些有用的材料。

乔说:"在建立自己的卡片档案时,你要记下有关顾客和潜在顾客的所有资料,他们的孩子、嗜好、学历、职务、成就、旅行过的地方、年龄、文化背景及其他任何与他们有关的事情,都是有用的推销情报。

"所有资料都可以帮助你接近顾客,使你跟顾客讨论问题,谈论他们自己感兴趣的话题,有了这些材料,你就会知道他们喜欢什么,不喜欢什么,你可以让他们高谈阔论、兴高采烈、手舞足蹈……只要你有办法使顾客心情舒畅,他们不会让你大失所望。"

四、猎犬计划:让顾客帮助你寻找顾客

乔认为,推销需要别人帮助。乔的很多生意都是"猎犬"(那些会让别人到他那里买东西的顾客)帮助的结果。乔的一句名言就是"买过我汽车的顾客都会帮我推销"。在生意成交之后,乔总把一叠名片和猎犬计划的说明书交给顾客。说明书告诉顾客,如果他介绍别人来买车,每辆车成交之后,他会得到 25 美元的酬劳。几天之后,乔会寄给顾客感谢卡和一叠名片,以后每年他都会收到乔的附有猎犬计划的信件,这提醒他乔的承诺仍然有效。如果乔发现顾客是一位领导人物且其他人会听他的话,那么,乔会更加努力促成交易并设法让其成为猎犬。

实施猎犬计划的关键是守信用——一定要付给顾客 25 美元。乔的原则是,宁可错付 50 个人,也不要漏掉一个该付的人。猎犬计划使乔收益很高。1976 年,猎犬计划为乔带来了 150 笔生意,约占总交易额的 1/3。乔付出了 1 400 美元猎犬费用,收获了 75 000 美元佣金。

五、推销产品的味道:让产品吸引顾客

每一种产品都有自己的味道,乔·吉拉德特别善于推销产品的味道。与"请勿触摸"做法不同，在和顾客接触时，乔总想方设法让顾客先"闻一闻"新车的味道。他让顾客坐进驾驶室，握住方向盘，触摸、操作一番。如果顾客住在附近，乔还会建议他把车开回家，让他在自己的太太、孩子和领导面前炫耀一番，顾客会很快被新车的"味道"陶醉。根据乔本人的经验，顾客凡坐进驾驶室把车开上一段距离，都会买他的车。即使当即不买，不久后也会来买。新车的"味道"已深深地烙印在他们的脑海中，使他们难以忘怀。

乔认为，人们都喜欢自己来尝试、接触、操作，人们都有好奇心。不论你推销的是什么，都要想方设法展示你的商品，而且要让顾客亲身参与，如果你能吸引住他们的感官，那么你就能掌握住他们的感情了。

六、诚实：推销的最佳策略，而且是唯一策略

绝对诚实是愚蠢，推销容许谎言，这就是推销的"善意谎言"原则，乔对此认识深刻。诚为上策，这是你所能遵循的最佳策略。可策略并非法律或规定，它只是你在工作中用来追求最大利益的工具。因此，诚实就有程度。

推销过程中，有时须说实话，一是一，二是二。说实话往往对推销员有好处，尤其在顾客可以事后查证时。乔说："任何一个头脑清醒的人都不会在卖给顾客一辆6个汽缸的车时告诉对方他买的车有8个汽缸。只要顾客掀开车盖，数数配电线，你就死定了。"如果顾客和他的太太、儿子一起来看车，乔会对顾客说："你的小孩儿真可爱。"这个小孩儿可能是有史以来最难看的小孩儿，但是如果要想赚到钱，就绝对不可这么说。要善于把握诚实与奉承的关系。尽管顾客知道乔所说的不尽是真话，但他们还是喜欢听人赞美。少许赞美，可以使气氛变得愉快和没有敌意，推销就容易成交。有时，乔甚至还撒一点小谎。乔看到过推销员因为告诉顾客实话、不肯撒小谎而失去了生意。顾客问他的旧车可以折合多少钱，有的推销员粗鲁地说："这种破车。"乔绝不会这样，他会撒小谎，告诉顾客一辆车能开12万千米而顾客的驾驶技术的确高人一等。这些话使顾客开心，赢得了顾客的好感。

七、每月一卡：真正的销售始于售后

乔有一句名言：我相信，推销活动真正的开始在成交之后而不是之前。推销是连续过程，成交既是本次推销活动的结果，又是下次推销活动的开始。在成交之后，推销员继续关心顾客，将会既赢得老顾客，又能吸引新顾客，使生意越做越大，客户越来越多。"成交之后仍要继续推销"这种观念使得乔把成交看作推销的开始。在和自己的顾客成交之后，乔并不是把他们置于脑后，而是继续关心他们，并恰当表示出来。乔每月要给他的1万多名顾客寄去贺卡。1月份祝贺新年，2月份纪念华盛顿诞辰日，3月份祝贺圣帕特里克日……凡在乔那里买了汽车的人，都收到了乔的贺卡，也记住了乔。正因为乔没忘记自己的顾客，顾客才会不忘记他。

【做一做】

一、经典案例阅读

寻找准顾客的抉择方法

中国电信××公司接管中国联通 CDMA 业务后，管理层决定，让销售人员抓住机遇、加大销售、占领市场。因此，市场部、客户部、销售部的经理召开研讨会议，为制订良好营销方案

出谋划策,在讨论到寻找潜在顾客的方法时,意见无法统一。

销售部王经理认为,现在最好的方法是把精力重点放在已经使用电信通信手机的现有客户上,他强调说:"毕竟与老客户已经建立良好的合作关系,让小灵通用户转网,我们可以以最小代价渗透进入市场。"

市场部张经理并不完全赞同,他认为不仅要把现有顾客作为潜在客户,开拓新顾客一样不可忽视,"而且须更多人投入C网,我们现在的主要业务是固定电话、宽带与小灵通,那么与其让小灵通转网,何不再加一个C网手机,同时,我们让新的手机用户享受宽带的好处,双管齐下,何乐而不为。"

客户部李经理持另外观点:"我们应争取移动的用户。手机市场可以说是移动独占鳌头,若不争取移动的客户而小灵通转G网,那么我们可能得不偿失,更何况电信最大的优势就是宽带业务,加上现在C网、3G网都可以发展,毕竟我们的3G网现在还没开通。我们以宽带、C网、3G网的低价优质服务作为诱饵,利用广告大肆宣传,配合人员走访,主动出击,夺取对手的阵地。我们具有低成本优势(G网网络覆盖基本已形成,不需要像移动一样全新投入),因此,应争取移动的大客户。"

另外两人坚决不接受他的观点。他们认为,对移动公司报复性反击的恐惧将难以消除,毕竟移动有实力,而且他们更不想发起斗争而让其他公司获利。

公司最终决定,一周后对寻找潜在顾客方法做最后商定。

思考 1. 评价他们提出的寻找准顾客的各种方法。

2. 您推荐采用哪种方法?为什么?

二、模拟训练

张刚从市场营销专业毕业,被学校推荐到一家汽车服务公司。销售部经理布置给他的第一项任务是销售公司的服务会员卡。经理强调:每张卡售价200元,他每卖出一张可以拿到15%的佣金,会员卡中包括旅游计划服务、免费洗车、获得燃油清洗剂等优惠条件,对购买者来说,还可以低价购买汽车保险和人寿保险。参与保险推销会比会员卡推销带来更多佣金,其数额取决于所推销的保单,并且,推销保险还可以获得红利。

经理最后强调,在寻找潜在顾客时,10人中只3人愿意面谈,最终只1人购买,寻找过程中,每周有100元的预支费用,如何分配由自己决定。

思考 1. 如果你是张刚,你准备怎样寻找潜在顾客?

2. 如果你是张刚,你将推销服务会员卡还是进入保险市场,还是两个市场同时进行?为什么?

三、实践训练

〔目的〕
实地推销训练,掌握并灵活应用寻找顾客的方法。

〔内容〕
认识、理解和应用寻找顾客的方法,并明确建立顾客档案的目的和管理重要性。

[参与人员要求]

1. 任课老师选择一家商场作为寻找准顾客的实训场地,负责与企业沟通和安排活动。

2. 学生按 4~6 人分组,每组选组长及记录员各 1 名,记录实地寻找准顾客活动的情况以及顾客档案。

[实地观察步骤]

1. 教师组织学生进行安全教育,并将活动计划报告学校相关部门。

2. 邀请企业销售人员简介寻找准顾客工作情况。

3. 学生与企业销售人员沟通,围绕以下专题开展学习活动:推销员是如何寻找和确认准顾客的;推销员是如何推销的;推销员是如何建立顾客档案的。

4. 在准顾客寻找中学生要借助产品销售活动,记录寻找准顾客所使用的方法、产品销售获得成功与否等。

5. 每个小组完成寻找准顾客的书面报告和建立准顾客档案,并在课堂上交流,教师可以组织讨论,开展寻找准顾客和建立顾客档案的总结工作。

[认识和体会]

寻找、确认准顾客,将自己置身于推销员位置,认识、掌握寻找准顾客的方法,明白建立顾客档案重要性,以期帮助今后工作。

【任务回顾】

学习本任务,我们初步掌握了准顾客的含义、作用。能灵活应用准顾客的寻找方法,明白顾客档案的重要性。通过模拟训练和实地演练,再次了解和体会寻找顾客的方法和顾客档案的重要性,将自己置身于推销员角色来认识、理解寻找顾客的方法及顾客档案的重要性。

【名词速查】

1. 准顾客:所谓准顾客(潜在顾客),就是可能购买某种产品或服务的顾客。也就是某种产品或服务的潜在购买者,通常称为买主。

2. 顾客推荐法:顾客推荐法是一种链式引荐法,指推销员请现有满意顾客介绍、推荐他们的朋友并使之成为你的准顾客。

3. 顾客档案:顾客档案,是顾客的所有资料,包括他们的嗜好、学历、职务、成就、旅行过的地方、年龄、文化背景、生日、电话、地址、财务信用及其他任何与他们有关的事情(总之越细越好),是有用的推销信息。

【任务检测】

一、选择题

1. 在形成准顾客的 3 个必备条件中,最关键的是( )。

    A. 购买能力　　　B. 决策权　　　　C. 需求　　　　　　D. 购买行为能力

2. 推销的基石是( )。

    A. 需求　　　　　B. 推销品　　　　C. 顾客　　　　　　D. 服务

3. 准客户必须具备的 3 个条件是( )。
  A. 购买能力　　　B. 决策权　　　　C. 需求　　　　D. 购买行为能力
4. 顾客档案包括顾客的( )等。
  A. 生日　　　　　B. 嗜好　　　　　C. 学历　　　　D. 职务
5. 寻找准顾客的途径包括( )。
  A. 成本效益原则　　　　　　　　B. 牢记人际连锁效应
  C. 妥善运用人际关系　　　　　　D. 建立广泛的信息渠道

二、判断题

1. 商品的决策者和购买者是同一个人。　　　　　　　　　　　　　　( )
2. 推销工作就是建立良好的人际关系,充分利用人际关系。　　　　　( )
3. 需要不断积累顾客。　　　　　　　　　　　　　　　　　　　　( )
4. 诚实,是推销的最佳策略。　　　　　　　　　　　　　　　　　( )
5. 一般来说,准顾客认定不需筛选。　　　　　　　　　　　　　　( )

三、思考题

1. 准顾客筛选认定的作用包括哪些?
2. 简述寻找准顾客的方法。
3. 简述建立顾客档案的目的。

四、案例分析

2004 年,为考察市场,刚上任的恒源祥集团副总经理任鲁海去了大连,当来到大连恒源祥家纺专卖店时,他恰巧遇上了大连福利院每年一次的例行采购。按理说,该专卖店可以把这样的顾客作为恒源祥的重点顾客,但专卖店却没这样做,只把大连福利院当作一般客户,也没记载相应的顾客资料。于是,任总让专卖店做顾客资料管理。而在大连福利院院长采购完所需商品之后,任总了解到,院长非常信任恒源祥品牌,她差不多每年都来恒源祥店采购。

"如果我们把福利院的资料记录下来,那来年我们是不是可以提前与之联系呢? 大连福利院是否可以成为我们的长期客户呢?"任总这样问。

1. 如果你是该专卖店的员工,你会怎样回答?
2. 阅读案例,请同学们谈谈案例启示。

任务4 任务检测
参考答案

任务 5
推销接近

> 如何接近顾客？应怎样做才能取得较好结果？本任务带领大家一起探讨推销接近。

教学目标

1. 理解在整个推销过程中推销接近的重要性。
2. 学习推销接近的准备工作和内容。
3. 掌握推销接近的主要方法。
4. 了解约见顾客的理由、地点和方法。

学时建议

1. 知识学习 6 课时。
2. 课堂实践 2 课时。

【导学语】

阿贵是某公司新进的推销员,他几次想拜访某商场陈经理,均被告知不在商场,阿贵决定突然袭击,准备在星期一早上就到陈经理办公室门口,你认为这种做法合适吗？为什么？

思考 看完这个案例,你会不会赞同阿贵的做法？俗话说凡事应三思而后行,那么,拜访顾客要做哪些工作呢？

【学一学】

5.1　推销接近的准备工作

要让顾客认识推销人员、认识推销品、对推销人员和物品感兴趣,我们就须与目标顾客接触。在推销工作中,这种接触叫推销接近。推销接近,指推销人员为推销面谈初步接触或再次访问目标顾客。

在接近顾客之前,推销人员必须认真了解顾客,有针对地了解顾客的需求,随机应变,掌握主动,实现接近顾客的目的,推进推销洽谈工作。

5.1.1　推销接近的心理准备

推销接近的心理准备主要是针对提升推销员自信心而言的。推销接近的第一步就是做好心理准备。

1）了解目标顾客的情况

在实际工作中,推销人员的目标顾客分为两种:一是个体顾客,主要包括生活消费的家庭和个人;二是团体顾客,主要包括社会集体消费者、企事业单位和社会团体等。

对个人顾客我们须了解顾客姓名、年龄、性别、民族、出生地、文化程度、兴趣爱好、职称、信仰、居住地、联系方式、主要家庭成员等。

对团体顾客我们须了解团体全称及简称、产品种类、经营情况、信用情况、企业规模、发展方向、决策者及联系方式、团体所在地点、交通情况等。

2）拟订拜访计划

了解顾客背景后,我们可以准备拜访计划。拜访计划包括准备被拜访者的背景资料、拜访名单、准备交谈的内容、时间和地点、拜访所需文字图片等资料;所介绍的商品性能、特点、价格、交易条件、售后服务、合同条款等。另外,应适当准备企业情况和竞争对手的资料,以备顾客提问。经验不足时,推销员应认真分析了解顾客情况,针对目标顾客的具体情况拟订详细的拜访计划。

3）注意个人形象

学习任务三,我们已经知道,在一定程度上推销员给顾客的第一印象影响着整体的推销效果。因此,推销员必须重视个人形象,拜访顾客时仪容仪表要整洁大方,衣着合体,言谈举止彬彬有礼,态度真诚热情,工作精力充沛,给顾客留下良好印象。

4)做好心理准备

在拜访顾客工作中,推销员充分了解顾客,准备详细的拜访计划,修饰自己形象,同时,在心理上应做相应的精神和物质准备工作,用专业知识和经验树立职业信心,克服胆怯、自卑心理,用平和的心态对待每一次推销工作,在实践中不断总结成功与失败的经验,提升自己的职业能力。

5)推销过程中意外情况预测

推销工作是与人打交道的工作。我们常说计划没有变化快,因此,在估计顾客可能出现的异议的同时,应考虑一些意外情况,如约见对象临时出差、购买决策者迟迟不肯露面等,做到及时应变,准备相应对策。

故事1

小强加入保险公司不久,经理交给他所在的业务室一项几十万元的业务,这是一块不止一个人啃过但都没啃下来的硬骨头。接受任务后,小强和同事们用近一个月时间,跑农村,下车间,把那家公司的生产经营情况、大小客户都摸了个透,然后把掌握的情况打印成材料,登门拜访。一开始,公司经理非常傲慢地接过他们的材料,看着看着,脸上的表情发生了变化。最后,他说:"请你们主管与我的秘书约时间。"一单交保费70余万元的生意就这样成交了。后来,小强介绍这段经历,感叹道:"那位经理说方案书太精细了,不想再被第二家保险公司了解得这么透彻。"

【学习借鉴】

做销售,学会这8种身体语言,帮你变自信!

最近,一个小伙伴跟我吐槽说,她刚开始做销售,面对顾客特别紧张,不敢多看顾客,不知道说什么,手都不知道往哪里放,虽然在内心一直鼓励自己,但是无法做到放松,感觉特别受罪。

其实,不光是刚做销售的小伙伴,与人打交道时很多社恐也会有这种感觉,大家不要担心,我一直在终端做零售,总结了一些能让人变得自信的方法,借助我们的身体语言,刻意训练,会有不错的效果。

1. 目光和别人接触

我们跟顾客沟通时要看着对方,这样不但能让自己自信,还能给对方被尊重的感觉,尝试一下吧,沟通时,看着对方,与他的目光接触。

2. 坐时身体前倾

这个是坐着交谈的动作,身体微微前倾,表示你在认真倾听,我很喜欢看访谈节目,双方都会有类似的这种动作,看起来自信又有气场。

3. 站立时身体挺直

站着时,很多人习惯含胸驼背,那么自信的感觉就跟你无关了,我也会这样,所以我会时刻提醒自己站直,挺起胸膛,立马有雄赳赳气昂昂的感觉。

4. 注意抬起下巴

习惯低头的小伙伴可以试着把下巴抬起来,当然,下巴不要抬得太高,做到平视就可以,我们是练习提高自信心,不是让人误会我们很高傲。

5. 不要坐立不安

人只有内心局促、特别紧张时才会坐立不安,当很紧张的时候,我们不妨调整一下坐姿,让自己稳稳地坐在椅子上,气定了,神情也就放松了。

6. 拿出手

走路时,拿出双手,自然放在两边,这也是训练自信心的方法。我的一个朋友喜欢把两只手插在口袋,若衣服没有口袋就抱在胸前,使人感觉很不好相处。后来他强迫自己把手拿出来,整个人感觉都特别不错,不信的话,大家可以试试。

7. 贵人语迟

不要着急抢话题表现自己,先等别人说完。毕竟,胸有成竹才能不紧不慢,着急忙慌恰恰反映了我们内心不自信。

8. 走路步子放大

小碎步走路会呈现出小心翼翼心态,昂首阔步才能体现自信心,如果你习惯走小碎步并且不太自信,不妨从改变步伐开始。

5.1.2 物品准备

想一想:在接近顾客时,同学们认为应该准备哪些物品?

推销工作应该准备的物品一般包括名片、身份证、工作证、企业合法性证明、委托书;顾客资料,为顾客提供的纪念品,推销品目录、样品、价格表、发票、合同纸、印章、订货单等,示范器材、笔记本、笔、计算器等。

物品要尽量充分,避免届时向顾客借笔和纸张或者计算器等。同时,准备的物品应该整齐有序,以便取用。

故事 2

自从当上推销员后,汤姆就养成了一个习惯:只要见到人,就递出一张名片。吃饭的时候,他会把名片与小费一起递给服务生。在聚会时,他会在人们欢呼的时候把上千张名片抛出去。因为汤姆认为,要做好推销工作,首先要推销自己,送名片给别人不是丢脸的事,而是推销自己的好方式。汤姆的做法成功了,当要买汽车时,人们就会想起抛撒名片的汤姆,根据名片的信息来买汽车。

5.2 约见顾客

5.2.1 约见的含义

如果推销接近的第一步是与顾客初步接触而目的是间接了解顾客具体情况和推销员心理和物质准备,第二步则是与顾客直接正式洽谈约会。

约见,又称商业约会,指推销人员事先征得顾客同意并推销访问的行为过程。在推销接近过程中对约见做好必要准备以后,推销人员就可以约见顾客。约见顾客是一种尊重顾客的礼貌表现,推销员将拜访意向提供给顾客,顾客在约见的时间、地点事先安排,避免推销员由于临时安排而使顾客措手不及。另外,约见可以预测顾客的意图,引起必要的重视。

5.2.2 约见的内容

推销员可以根据推销拜访的目的、拜访的特点、推销员与顾客的关系以及约见对象是否容易接近等综合因素来确定约见内容。

1) 确定约见对象

故事 3

一个推销员与某商场的张经理接近了一个多月,但始终没达成交易,他感到很纳闷。一天,他同一个朋友说起来,朋友说:"他是负责进货的人吗?"一句话惊醒梦中人,推销员马上打听了一下,张经理果然不是负责进货的人,一位姓李的经理才是。于是,推销员改变策略,与负责进货的李经理取得联系,很快就达成了交易。

在与顾客的约见中,推销员必须明确约见的对象,认准购买决策者,避免将推销时间浪费在无关人员身上。因此,在约见顾客时推销人员应注意以下 3 点。

①应尽量设法直接约见购买决策人或者对购买决策影响重大的重要人物,避免在无关人员身上浪费时间。

②尊重接待人员。在实际推销工作中,推销员常常不能直接与访问对象联系。在一些企业和重要的行政部门,推销员面对的可能是秘书或接待员,他们往往对推销成败起着重要作用。为了顺利约见主要人物,推销员应尊重有关接待人员,使有关接待人员感到你重视他们,处理好与他们的人际关系(如故事中的张经理等)从而赢得他们的合作与支持。

③做约见准备。推销人员要想见到与推销目标有关的人,就要在约见前做约见前介绍信、引见信、名片、身份证,并按照 T, P, O 社交礼仪原则打扮自己,保持良好的约见情绪,随时保持"微笑",以亲和自然的态度与顾客见面。

2) 确定约见事由

故事 4

一位钢铁产品的推销员打电话给顾客,说:"我们新近开发了一种新产品,这种新产品的最大特点是可以降低生产费用,您想不想了解一下,如果您下午有时间,我把相关资料给您送过去。"

哪一个生产商对减少生产费用的建议不感兴趣呢？推销员约见成功了。

任何推销访问的目的只有一个，那就是推销产品，但每次访问的目的都可能不同，推销员应根据推销活动的具体情况而计划和设计。一般来说，约见顾客的理由要充分，如提供开发新产品的资料、邀请顾客参加产品联谊会、邀请顾客体验新产品、签订合同、提供售后服务等。

3）确定约见时间

故事5

"李总，祝贺贵公司本年度的销售额又创全市第一。另外，我们为了感谢多年来老顾客对公司的帮助与支持，准备于本周五下午举行专门为老顾客准备的感谢联谊会，如果您有时间，我下午就把请柬给您，届时请您一定要参加，我还要请教李总一些问题呢！"

确定一个对推销人员和顾客合适的时间很重要，它直接关系到接近顾客是否顺利，甚至影响整个推销工作。因此，确定与顾客约见时间时，推销员应注意尽量考虑顾客是否方便，根据顾客要求和具体情况，双方商定见面时间，尽可能避免在顾客工作忙碌或者休息时约见。同时，还要根据所推销的产品与服务的特点、访问地点和访问路线、交通以及气候情况来选择最佳访问时间，尽量满足双方的需要。一旦确定了约见时间，推销员就必须严守约见时间，克服任何困难，准时到达约见地点，坚决不能失信于顾客。

4）确定约见地点

选择合适的约见地点与选择合适的约见时间一样重要。为了提高约见成效，推销员应考虑在最佳地点约见顾客。

推销员通常可以选择的约见地点包括工作地点（办公室）、居住地点、社交场所、公共场所等。对于团体顾客，工作地点（办公室）是最佳的约见地点，也是最常用的约见地点。对于个人消费者，通常选择顾客居住地，这不仅可以方便顾客，还可以缩短双方的距离，显得亲切和自然。约见初次见面的顾客以及老顾客时，推销员可以考虑把一般公共场所作为约见地点，以营造放松、自然气氛，让双方无压力，这有利于增进双方的情感。

最重要的是，在与顾客确定约见地点时，首先要注意尊重顾客约见的具体要求，尽量为顾客着想，这有利于推销工作推进。

约见内容案例示意图

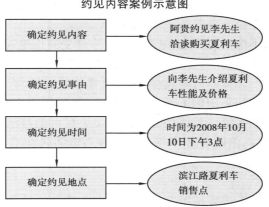

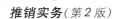

5.2.3　约见的方法

为了实现推销目标,完成推销计划,推销人员必须认真研究约见顾客的方式方法,以便在约见不同顾客时,做出适当选择。

1)当面约见

所谓当面约见,指推销员与顾客当面口头确定再见面的时间、地点、方式等。如在联谊会、订货会等场合与顾客约见。

当面约见是一种较理想的约见方式。由于双方对约见有所准备,推销员可以及时清楚顾客的反应,明确约见的意图,征求顾客的意见和建议。同时,可利用见面的机会与顾客交流感情,给顾客留下良好印象,建立双方的信任关系。虽然当面约见简单易行,几乎适用于所有顾客,但一旦当面约见被顾客拒绝,推销员就会处于被动局面,这不利于约见成功。另外,当面约见还会受地理位置限制。

2)电信约见

所谓电信约见,指推销员利用电话、传真、互联网邮件等电信手段约见顾客。现代通信业高速发展,这类快速的约见通信方式得到越来越广泛使用。

电话约见是电信约见的主要和常用方式。电话约见的优点是迅速、方便而灵活,几分钟之内双方就可约见商量完毕。在使用电话约见时,推销员要注意谈话技巧,交谈内容要简明、精练、用词贴切,要心平气和、以诚相待,在顾客不愿意约见时不可强求。电信约见受通信条件限制,不能应用于不具备通信条件的顾客。而且,如果顾客与推销员没有关系基础,顾客居于主动地位,很容易找到推托或拒绝约见的借口。

电传约见的优点是速度快,不用顾客在家等候,但费用高,较适用于向顾客传递公司或产品宣传资料、邀请函、合同书等。如果不加以重视,顾客就可能丢弃,因此,电传约见有一定局限性。

目前,互联网邮件约见是部分顾客尤其是青年顾客很喜欢的一种约见方式,具有无费用、方便快捷等优点。当然,前提是要事先与顾客联系,并经得对方同意。

3)信函约见

当顾客对推销员、对企业情况和产品不熟悉的情况下,我们通常采用信函约见。平时我们接到的产品宣传资料、促销传单就是一种信函约见。

信函约见的优点是,不像当面约见、电话约见等一样受到拒绝局限,只要用词得当,就容易被顾客所接受,传递范围比较广、费用低、可以保存备查等。

信函约见的缺点是,所花费的时间较多,而且反馈率比较低,许多顾客不重视推销约见信函,甚至不去拆看。信函如果用词不当,还会引起顾客反感而拒绝约见。因此,信函约见表达的内容要真实,能为顾客解决具体问题。推销员要尽可能自己动手书写,书写工整,文笔流畅,避免使用印刷信件,信函寄出后,要及时与顾客电话联系,争取提高顾客反馈率。

4)委托约见

所谓委托约见,指推销人员委托第三者约见顾客。委托约见包括留函代转、信件传递、他人代约等。受推销员之托的第三者,是与推销对象本人有一定社会联系和社会交往的人士,如接待人员、秘书、同事、邻居、亲友等。委托约见的优点是,有利于拉近关系,能够降低顾客的戒备心理,提高顾客的信任程度,获得真实信息。缺点是推销人员处于被动地位,假如委托人不重视委托事宜,容易误约而贻误推销时机。

5)广告约见

广告约见指推销人员利用各种广告媒介,如报纸、杂志、广播、电视,直接邮寄、张贴或散发印刷广告等约见顾客。它的优点是覆盖面广,传播性强。缺点是针对性差,费用较高。

随着科技进步和社会信息传播手段发展,约见方法越来越多,推销员可以根据顾客情况选择恰当约见方式,可以选择一种或组合几种约见方式约见顾客,不断总结约见经验,提高约见成功率。

☺张经理,我想今天下午去你那里,不知你在不在办公室?

☺张经理,我准备下午去您那里,请问您在办公室还是在工地?

约见一使推销人员完全处于被动地位,而且主动给了对方一个推托的借口,应尽量避免。而约见二则相反,给顾客做的是选择题,在推销员已经界定与顾客约见地的情况下,顾客一时会反应不过来,做出的选择都对推销人员有利。当然,在使用中,应格外注意表达的语气,否则很容易引起顾客反感。

【学习借鉴】

把握电话推销的细节

1. 说话时,微笑能使你的语调更加动听。

2. 如果想宣传某个主张,可以站起来说,这样语气更有利而热情。

3. 在打电话前,先罗列要点,然后看着计算机里或手上的要点清单打电话。

4. 养成在 12 小时之内回电话的习惯。假如你不能很快回电话,应让别人代你回复。

5. 当同某人谈话时,尽量不要接其他人的电话。

6. 当打电话的时,尽量不要和屋里的人说话。

7. 挂电话时,不要嗲声嗲气地说"再见",也不要矫揉造作,除非你和对方很熟并有着共同的幽默感。

8. 注意记录。

9. 不要让电话铃响超过三声而使得打电话的顾客等待或挂电话。

10. 接电话时,迅速报上姓名,让顾客知道你就是他要找的人。

11. 自己的电话最好自己接听。

12. 给顾客打电话时,应该说明你是谁。如果你的电话被转接,则应该向提起分机的任何人重复一次你的姓名。

13. 在你没完没了地讲话以前,应该问:"这时候给你打电话是否合适?"

14. 假如你的通信因故中断,拨叫方有责任重新拨通对方的电话。

15. 假如你打算离开办公室到外地度长假,可以设定语音信箱,把有关信息告诉打入电话的顾客。

16.多对顾客说"我们"。在说"我们"时,推销员会给对方心理暗示:推销员与顾客是一起的,会站在顾客角度想问题。

17.给顾客留反映时间,年轻的推销员尤其要注意。

18.永远不要比顾客先挂电话。

（资料来源:张立光.推销的七字真经[M].北京:中国纺织出版社,2008.）

5.3 正式接近

5.3.1 正式接近的基本方法

1)介绍接近法

故事6

曾经有一个人去买抽油烟机,各种抽油烟机的产品介绍像雪片一样飞来,各位推销员使出浑身解数都说自己的产品,他不知该买哪一种了。这时,只见一位推销员拿了一份顾客名单给他:"这里有一份我们产品的用户名单,你可以打电话问问,他们对我们的产品和服务非常满意。"于是,他询问了其中一位用户,得到了满意该产品的答复。自然,他买了那家的抽油烟机。

介绍接近法是指推销人员通过自我介绍或经第三者介绍而去接近顾客的一种方法。大多情况下,推销人员是通过自我介绍接近顾客的。推销员除了进行必要的口头介绍之外,还应主动出示身份证、名片、单位介绍信等有关的证件来证明口头介绍的准确性。现在最常用的办法是赠送名片。另外,推销人员还可以通过与顾客所熟悉的中间人采用信函介绍、电话介绍、当面介绍等方式来接近顾客。当然,这种方法有限制性,顾客会觉得太突然,碍于人情面子勉强接待推销员,应付了事,不一定有购买诚意。在这时,推销员的素质和待人接物的能力就显得特别重要。因为,通过他人介绍只是桥梁,而真正打动顾客的是推销员自己。

2)产品接近法

故事7

美国的芭比娃娃受到上千万计女孩子追捧。芭比娃娃制作精美当然重要,但其巧妙的推销手段也是其畅销全球的主要原因。自从开发了芭比娃娃,一个接一个相关产品配套诞生,层出不穷。芭比的新衣服、职业身份衣着、白马王子、结婚用品、婴儿用品等新产品不断出现,成为"会吃美元的玩具"。有关统计表明,平均每个美国小女孩已拥有8个芭比娃娃。

芭比公司不断开发产品应用,层出不穷的产品激起顾客的情感,这体现了推销的精妙之处。

产品接近法,也叫实物接近,指推销人员直接利用所推销的产品引起顾客注意和兴趣而进入推销面谈的接近方法。

推销员采用产品接近法,直接把产品样本或模型摆在顾客面前,给顾客一次亲自操作产品的机会,以产品自身的魅力引起顾客注意和兴趣,满足顾客深入了解产品的要求,这是产品接近法的最大优点。但这种方法要求产品质量优良、具有比其他产品更突出和鲜明的特点、不易损坏、便于携带和展示等。

3)利益接近法

故事 8

新中国成立以前,上海有一家老字号绸布店"协大祥绸布店",1912 年创建的时候,规模很小。"协大祥绸布店"开业后几十年一直坚持"足尺加一"销售策略。当时,有的绸布点卖一尺绸布只给九寸五,有的给九寸八,唯协大祥卖一尺给一尺一。表面上看,协大祥吃了亏,可到了新中国成立时,协大祥已经成为全上海生意最兴隆的大型绸布店了,销售额占上海棉布零售额的 18%,利润总额相当于创业时 400 倍。

所谓利益接近法就是推销员利用产品能给顾客带来的实质利益而引起顾客注意和兴趣而接近顾客的方法。采用利益接近法时,推销人员要能用精练的语言把推销品的实惠、产品的优势与顾客最关心的利益明确告诉顾客,顾客一般会接受。当然,介绍产品时必须诚实有信,能真正带给顾客实实在在的利益,否则就会失去顾客的信任。

4)问题接近法

故事 9

一个推销员把一块透明塑料布样品递给一个汽车经销商,然后对他说:"请你摸一摸这块塑料布,试试能否将它撕烂。"经销商无法撕烂塑料布。于是推销员成功地向他推荐了盖50 辆汽车的塑料布。

推销员提问得当,产品质量好,经销商当然会感兴趣。

问题接近法,也叫问答接近法或讨论接近法,指推销人员利用提问方式或与顾客讨论问题方式接近顾客的方法。采用这种方法时,推销员要注意,提问应具体明确且便于顾客思考和回答;问题应围绕顾客需求,所提问题必须是顾客关心的;提出问题时,语言要中肯,有礼有节,要避免因过于直率、坦白而伤及顾客的自尊心。

5)馈赠接近法

故事 10

一位顾客走进吉拉德的办公室,一面把手伸进口袋,一面说:"我以为我带烟了呢?"吉拉德让他等一会,然后赶紧从自己的柜子里拿出 15 种牌子的香烟来,问:"你抽什么牌子的烟?"如果顾客回答"珀莫",吉拉德就会找出这种烟来,并当着顾客的面把烟打开,点上火,然后把那包烟塞进顾客的口袋。如果顾客问多少钱,吉拉德就说"别傻了"。

(资料来源:张立光.推销七字真经[M].北京:中国纺织出版社,2008.)

馈赠接近法指推销人员以赠送礼物的方式来接近顾客的方法。赠送一些小而有意义的礼品符合顾客求小利心理,容易形成融洽的气氛,容易获得顾客好感,取得顾客信任,使其愿意与推销员合作。如推销奶制品时,可以选择在小区门口让顾客品尝,让顾客从心理上接受产品,继而产生购买行为。

6)赞美接近法

故事 11

一个推销各种进口食品罐头的推销员说:"罗兰先生,我一直很欣赏你们的橱窗。你们购置了很多高质量的产品。在城市里,你们一定有一流的超级市场。"罗兰先生洋洋得意地笑了,推销员的罐头推销出去了。

赞美接近法,指推销人员通过赞美顾客而接近顾客的方法。喜欢听人夸赞自己是人的共性,说好话的人总比说坏话的人受欢迎。因此,赞美接近法是方便接近顾客的好方法。当然,赞美顾客时,推销员要态度诚恳、语气真挚、恰如其分,使顾客心情舒畅,切忌夸大其词、虚情假意,以免引起顾客反感。

7)求教接近法

故事 12

森浦去拜访一个商店的老板。

"老板,您好!"

"请问您是?"

"我是明治保险公司的森浦,今天我刚到贵地,想请教您这位远近闻名的老板几件事。"

"什么? 远近闻名的老板? 您过奖了。"

"根据我的调查,大家都说最好应该向您请教这个问题。"

"哦? 大家都这么说吗? 真是不敢当,到底是什么问题呢?"

"实不相瞒,是……"

"站着说不方便,快进来吧! 我给您沏杯茶。"

(资料来源:张广源.最成功的推销员故事全集[M].北京:北京出版社,2008.)

求教接近法指推销人员利用向顾客请教问题与知识或者请顾客帮忙的机会来接近顾客的方法。推销人员用请教的态度与方法去接近一些专业水平较高的人士、有着重要影响的人、行业的专家,很容易受到欢迎。求教接近法尤其适用于一些年轻、无经验的推销员。当然,在使用求教接近法时,推销员要态度诚恳、语言谦虚,求教的问题要恰当。求教过程中,及时把握顾客的讲话内容,从中寻找接近机会。

8)聊天接近法

故事 13

一天,一位保险推销员走进了一个老妇人的家里。由于这个家里只有老妇人一个人,她显然寂寞极了,一见到推销员就拉着他坐下,絮絮叨叨地说起自己的往事和琐事。两小时过去了,推销员根本没机会推销保险,直到老妇人结束了她的回忆。

后来推销员常常抽空去看望老妇人,陪她聊天,从不提保险的事。

两年后,老妇人去世了。在为老妇人举行葬礼的几天后,一位中年妇女找到了推销员,拉住推销员的手,说:"我是那位老妇人的女儿。母亲死后,我翻看她的日记,才知道这两年来母亲承蒙您的照顾。在她感到孤独的日子里,您给她安慰。我非常感激,为表示谢意,我想在您这儿办一份 100 万元的保单。"

推销员坚持两年的感情付出,换来了一份 100 万元的保单,值得!

(资料来源:张立光.推销七字真经[M].北京:中国纺织出版社,2008.)

聊天接近法指推销人员利用各种机会主动与顾客打招呼、聊天接近的方法。当已经确定但暂时没有其他办法可以接近潜在顾客时,推销员可以寻找各种机会主动与顾客找话聊天,营造轻松气氛,拉近双方距离。可以选择顾客散步、闲坐、观景、晨练等时间接近顾客,待顾客对推销员产生好感后,才说明用意,不能急于求成。

请对比以下范例。

范例 1

推销员甲:喂,有人在吗? 我是××公司的业务代表林海。在百忙中打扰您,想要向您请教有关贵商店目前使用收银机的事情。

店经理:店里的收银机有什么毛病呀?

推销员甲:并不是有什么毛病,我想了解您是否需要换新。

店经理:不考虑换新的。

推销员甲:对面那间店已经更换了新的收银机,我想你们也应该考虑换新。

店经理:不好意思,目前还不想更换,将来再说吧!

范例 2

推销员乙:郑经理在吗? 在百忙之中打扰您,谢谢您。我是××公司本地区业务代表李放,经常经过贵店,看到贵店生意一直兴隆,实在不简单。

店经理:您过奖了,生意并不那么好。

推销员乙:贵店对客户的态度非常亲切,郑经理一定非常用心培训贵店员工,我常常到别的店,但像贵店服务态度这么好的,实在少数。对街的张经理,也相当钦佩您的经营管理。

店经理:张经理是这样说的吗? 张经理经营的店也非常好,事实上,他一直是我的学习对象。

推销员乙:郑经理果然不同凡响,张经理也以您为模仿对象,不瞒您说,张经理昨天刚换了一台新功能收银机,非常高兴,才提及郑经理的事情,因此,今天我才来打扰您。

店经理:喔! 他换了一台新的收银机!

推销员乙:郑经理是否也考虑更换新的收银机呢? 目前,您店里的收银机虽然不错,使用情况正常,但新的收银机有更多功能,速度更快,既能让您的顾客减少等候时间,又可以为贵店的经营管理提供许多有用信息。请郑经理一定考虑这台新的收银机。

我们比较范例 1 和范例 2 中推销员甲和推销员乙的接近顾客的方法,很容易发现,初次接近客户时,推销员甲单刀直入询问对方收银机的事情,让店主有突兀的感觉而遭到反问。在首次接近对方时,他忽略了突破客户的心理防线及推销商品前先要推销自己基本要求。反观推销员乙,他却能把握前两个基本要求,以共同对话的方式,打开客户的心理防线,自然地进入推销商品主题。在接近郑经理前他能先做有关调查准备工作,能立刻称呼郑经理,了解其店内的经营状况,清楚对街商店以他为学习目标,实质上两家互为竞争对手,这些都为成功推销奠定了良好的基础。

【学习借鉴】

如何利用微信营销方式寻找精准客户?

微信等营销方式已经成为时下最流行的广告营销模式,是各商家、企业开展营销活动的另一片天地。在短短的3年时间里,微信已经聚集了7亿用户,每个商家不会轻易放弃这部分潜在用户。那么,如何更好地挖掘这部分潜在客户,这是我们须思考的问题。

天天客服认为,通过垂直、细分手段挖掘精准用户,对于大多中小企业特别是行业企业而言,更具有现实意义。

精准用户的挖掘渠道通常包括以下几方面。

1. QQ群用户挖掘。通过结合企业自身的行业属性,在QQ群中检索关键词,能更好地找到精准属性的潜在用户群。同时QQ账号与微信打通,用户转化便捷度大大增加。QQ邮件、好友邀请等能批量实现QQ用户导入。小规模试验证明,QQ群用户挖掘具有一定可行性和回报率。

2. 微博群、行业网站及论坛用户导入。这些平台聚集的都是同样属性的用户群体,他们大多具有同样的爱好,对于行业产品及服务都具有相对强烈的兴趣及需求。相应企业公众账号推广,能获得一定比例有效用户。也许数量有限,但用户忠诚度往往更高。

3. 结合传统介质和载体推广宣传。宣传单、海报、产品包装、名片等,可很好地展示及传播公众账号二维码。具有线下店面的企业和商家更能吸引用户重复购买。通过公众账号的客户关怀及服务、特惠推广等,将用户转化为忠诚用户。

采用微信公众账号推广时,要获得用户的主动关注,最核心要依靠内容运营支撑,须格外注重以下几点。

1. 内容发布要有一定策略。早6~7点、中午12点左右、晚8点,内容推送通常更容易引起用户阅读。每天发布1次为宜,过于频繁推送可能引起用户反感和取消关注。

2. 内容必须精细。无价值的内容、纯粹的广告推送,往往引起用户普遍反感。内容建立在满足用户需求基础之上,用户需求包括休闲娱乐需求、生活服务类应用需求、用户问题需求等,应高度尊重用户的意愿。此外,通过微信的开放平台,还能实现二次开发的应用接入,可在公众账号内实现更多互动功能。内容本身也可不拘泥于传统的图文结合,还可以借助语音、视频等,令用户产生更大兴趣和新鲜感。

3. 加强互动。可通过自动回复等功能,实现用户和账号间自助式互动。通过轻松、趣味性内容,可让用户自己"玩游戏",还可人工与用户实时互动,回答用户各类个性化问题。当然,考虑到人力成本等问题,企业应结合实际情况选择适宜的客户互动模式。

在微信电脑客户端上,精准用户逐渐聚合需要一个合理的过程,企业和推销人员须理智对待。虽微信可能是营销利器,但不可盲目视其为"神器"。

5.3.2 运用接近方法时应注意的问题

推销员为了接近顾客并顺利导入推销面谈,除了运用适当的接近方法和技巧外,还应该注意以下问题。

①运用不同方法接近不同顾客。要善于观察和分析顾客的情况,因人而异,有针对地采用不同接近方法。

②综合运用基本接近方法。如,使用赞美接近法获得顾客信任,与顾客聊天接近时,发现顾客需求与购买意向,明确给予顾客的利益,达到接近顾客目的。因此,在推销接近实践中,推销员要注意总结经验,将接近方法融会贯通、相辅相成,以取得更好效果。

③接近顾客时,要注意减轻顾客的心理压力。不要一味让顾客接受推销,强买强卖使顾客产生抵抗心理。俗话说得好:买卖不成人情在。接近顾客与否,都是推销员工作的一种体验。

④接近顾客时候,要特别注意自己待人接物的礼仪礼节,给顾客留下良好印象,为进一步推销打基础。

【学习借鉴】

第一次跟顾客见面,需要注意的5个细节

约见顾客是销售常见的场景,如果顾客答应了预约,开心之余别忘记做准备,俗话说:细节决定成败,这几个细节一定要做好。

1. 遵守诺言

如果预约话术中提到见面不聊销售,一定说到做到,可以跟顾客聊点别的拉近距离,引导顾客主动谈起,电话中说不谈销售而见面没说两句就开始聊产品的话,顾客会有一种被套路的感觉,对你的印象会大打折扣。

2. 调整语速

跟顾客沟通时,要注意自己的语速,语速过快时顾客可能理解不了,那这场沟通就白费了;语速过慢则让人昏昏欲睡,只想快点结束谈话。

3. 时间掌控

每个人的时间都很宝贵,跟顾客沟通也不能忘记时间,细心观察顾客反应,如果顾客开始左顾右盼、看手机,那么我们可能要适时结束这场对话了。

4. 双向沟通

与顾客沟通最忌讳的就是一方滔滔不绝而另一方沉默不语。只有顾客多开口,我们才能捕捉有用信息。见面之前,大致了解顾客的喜好和性格,引导其多开口,我们要少说多听。

5. 保持心态

无论结果如何,我们的心态都不能崩塌,保持平常心,不悲不喜,这一个顾客没能成交,还有下一个,迅速收拾好心情,认真跟进下一个顾客。

以上就是与顾客第一次见面须注意的细节,我们要经常有意识地做准备,结果会大不相同。

【做一做】

一、经典案例阅读

推销员戈尔丁曾几次拜访一家鞋店,并提出要拜访鞋店经理,但都遭到了经理的拒绝。这次戈尔丁又一次来到了这家鞋店,口袋里揣着一份报纸,报纸上刊登了一则关于税收决定的消息。他认为顾客利用这一税收决定可以节省几百英镑。戈尔丁大声地对鞋店的一位售货员说:"请转告你的经理,就说我有路子让他发财,他不但可以把向我订货的费用捞回来,而且可以本利双收赚大钱。"

于是,经理约见了戈尔丁,生意做成了。

思考 1. 在多次被拒绝后戈尔丁采用了什么推销接近法?

2. 本次接近后戈尔丁能洽谈成功的关键因素是什么?

二、实践训练

[目的]

通过课堂实训,加深推销接近方法与技巧认识和具体实践。

[内容]

掌握电话约见、当面约见方法具体实践。

[参与人员要求]

1. 全班学生分为 3 大组,每组推荐 3 位评委。学生按 2 人分小组,按照案例要求分别担任推销员和顾客。

2. 每小组学生采用角色互换方式分别模拟电话约见、当面约见。

3. 各组对模拟情况打分、评价,推荐优秀"推销员"并令其示范,教师做点评和小结。

[实训过程要求]

1. 任课老师提交电话约见、当面约见两份案例资料。

2. 学生阅读案例,分配角色,先模拟电话约见后模拟当面约见,完成模拟学习。

3. 每组学生互换角色一次。

4. 各组评委对本组模拟情况打分,简单点评,推荐本组优秀"推销员"并令其示范。

5. 教师对优秀"推销员"示范做点评和小结。

[认识和体会]

学习与实践推销约见和接近的方法,使学生置身于推销员位置,处理约见、接近顾客。通过课堂模拟与小组合作活动,使学生积极参与实践,提高其处理约见具体问题的方法能力,增强其树立与人沟通的合作意识。

【任务回顾】

通过对本任务的学习,使我们认识到要让顾客认识推销人员、认识推销品并感兴趣,需要与目标顾客接触,有针对性地了解顾客需求,掌握主动,实现接近顾客的目的。我们可以通过案例学习分析、模拟实践训练等方式,加深学生对推销接近方法与技巧的认识,以增强自信心,推进推销洽谈工作。

【名词速查】

1. 约见顾客:又称商业约会,指推销人员事先征得顾客同意进行推销访问的行为过程。
2. 约见的内容:确定约见对象、确定约见事由、确定约见时间、确定约见时间等。
3. 约见的方法:当面约见、电信约见、信函约见、委托约见、广告约见等。
4. 接近顾客的方法技巧:介绍接近法、产品接近法、问题接近法、馈赠接近法、赞美接近法、聊天接近法等。

【任务检测】

一、单选题

1. 推销人员正式开展推销面谈的前奏是(   )。
   A. 寻找顾客   B. 推销接近   C. 推销洽谈   D. 成交
2. 一般来说,(   )是推销接近的前导,也是推销接近的开始。
   A. 寻找顾客   B. 约见顾客   C. 推销洽谈   D. 成交后跟踪
3. 约见个人消费者时最好选择(   )。
   A. 工作地点   B. 居住地点   C. 社交场合   D. 公共场合
4. 目前,(   )约见是最主要的约见方式。
   A. 当面   B. 电信   C. 信函   D. 委托
5. 接近顾客的方法中,(   )介绍法是其他许多接近顾客方法的基础。
   A. 信函   B. 委托   C. 电话   D. 自我

二、多选题

1. 在确定访问地点时,主要选择的地点包括(   )。
   A. 工作地点   B. 居住地点   C. 社交场合   D. 公共场合
2. 约见的方法包括(   )。
   A. 当面约见   B. 电信约见   C. 信函约见   D. 委托约见
   E. 广告约见
3. 约见顾客的内容主要包括确定(   )。
   A. 访问对象   B. 访问事由   C. 访问方法   D. 访问时间
   E. 访问地点

三、判断题

1. 推销接近就是要让顾客认识推销人员。   (   )
2. 推销接近工作有利于拟定接近顾客的策略。   (   )
3. 约见又称商业约会,其成功与否直接决定着推销结果。   (   )
4. 约见顾客时应该尽量安排在其居住地点,居住地点是最常用的约见地点。   (   )

5.聊天接近法的一个重要步骤是必须找准顾客。 （　　）

四、思考题

1.约见顾客的基本内容包括哪些？约见的主要方法包括哪些？

2.什么是馈赠接近法？

3.如何采用产品接近法接近顾客？

4.在运用推销接近的方法技巧时推销员应注意哪些问题？

五、案例分析

推销员：王总，您好！冒昧打扰了。

王经理：你好，你是谁？有什么事？

推销员：请问，您还记得卢××教授吗？

王经理：当然记得，她是我大学时的论文指导老师，你怎么会认识她？

推销员：恰好她也是我的导师，能有您这样一位有成就的师兄我感到十分自豪！我现在是一家公司的业务员，正是卢老师为我提供了您的电话，她说您可以帮助我。

王经理：原来是这样，卢老师的面子我不敢不给，何况我们是校友。

推销员：十分感谢！那请问王总，我在哪天来拜访您比较方便，是星期二还是星期三呢?"

王经理：星期二有重要会议，这样吧，星期三下午3点来我办公室找我，我会提前与秘书打招呼。

推销员：好，就按您的意见办。再次感谢！再见。

分析任务1：上例中，约见王总经理时，推销员具体约定了哪些事项？

分析任务2：推销员采用的约见方法是什么？你认为还可用哪些方法？

任务5　任务检测
参考答案

任务 6
推销洽谈

很多时候,我们不知道该怎样与顾客面对面谈判?怎样做才能达到较好效果? 带着这些问题,我们一起在本任务探讨吧。

 教学目标

1. 掌握推销洽谈的概念。

2. 理解推销洽谈的技巧和策略。

3. 了解推销洽谈的种类和原则。

4. 掌握主要的顾客类型。

 学时建议

1. 知识学习 6 课时。

2. 课堂实践 2 课时。

【导学案例】

阿贵是一家汽车代理商公司的推销员,他对各种汽车的性能和特点了若指掌。每逢遇到顾客的过分要求,他总要理直气壮地与顾客"舌战"一番,而且常常把顾客驳得哑口无言。最后他还自豪地说:"我今天教给这些无知的家伙许多知识。"

提示 在推销具体工作中,推销员与顾客洽谈难免出现口头交锋,如果推销人员一味与顾客争辩,把顾客当成对手而不是朋友,推销注定要失败。

【学一学】

6.1 推销洽谈概述

6.1.1 推销洽谈的概念

1)推销洽谈的含义

推销员完成顾客接近工作后,推销活动就进入了推销洽谈阶段。

推销洽谈也称面谈或业务谈判,指推销人员运用各种方式和方法向顾客传递推销信息、与顾客沟通、说服和帮助顾客购买推销品的过程。推销洽谈的目的在于向顾客传递商品的功能、设计特点、价格情况、售后保障以及企业经营发展情况等以诱发顾客的购买动机、激发顾客的购买欲望、说服顾客采取购买行动。

2)推销洽谈的原则

推销洽谈的原则指导推销人员具体洽谈协调的准则,是推销洽谈的"度"。在推销洽谈过程中,推销人员为了达到推销目的,可以利用灵活多样的洽谈技巧和方法说服顾客。但无论采用何种手段或技巧,推销人员都得把握"度"——推销原则,以便在"度"内完成推销洽谈工作。

(1)针对性原则

针对性原则指推销人员必须服从推销目的,在洽谈中,推销员应把握顾客的意图,弄清顾客需求的本质,针对顾客的不同需求有针对地介绍和说明,开展推销洽谈活动。

(2)鼓动性原则

在洽谈中,推销人员要充分利用各种技巧自信热情地感染顾客,让顾客明白所推销的产品是顾客缺乏、可以满足顾客需要、给顾客带来一定利益的。推销员只有具有强烈的职业意识和热情,才能说服顾客、鼓动顾客、诱发顾客购买。

(3)参与性原则

参与原则指推销员应设法引导顾客积极参加推销洽谈、接触推销品、增强推销洽谈的说服力。推销人员必须与顾客打成一片,认真听取顾客意见,鼓励顾客操作商品,调动顾客的积极性和主动性,提高洽谈的成功率。

（4）诚实性原则

推销人员必须明白，欺骗客户是要付出代价的，因为顾客被骗以后一般会有两种反应，一种是为了维护自身的合法权益运用法律手段，使得欺骗者名誉扫地；另一种是将受骗上当的事在亲朋好友中广为传播。如果推销员对顾客的影响是一倍，那么熟悉的人对顾客的影响将是两倍，甚至更多。推销员如果欺骗了顾客，就会失去一位乃至更多顾客的信任，其后果是极为严重的。因此，推销人员必须实事求是向顾客介绍商品，出示真实的推销证明，树立良好的推销信誉，文明推销，合法推销。

6.1.2　推销洽谈的种类

1）按推销洽谈的主题可分为单一洽谈和综合洽谈

①单一洽谈指推销洽谈的内容要紧紧围绕一个主题。如，电冰箱的成交数量、交货时间、维修条件等问题都达成一致时，只在价格问题上产生了异议，推销员与顾客就要围绕价格这一主题洽谈。

②综合洽谈是相对于单一洽谈而言的。如围绕电冰箱的成交数量、交货时间、维修条件、价格优惠等多种因素洽谈。

综合洽谈常用于买卖双方初期，而单一洽谈常用于顾客已经具有购买意向并想在一些交易细节上进一步沟通时。因此，推销员应及时了解顾客与自己沟通的意图，以便采用适当的洽谈方式沟通。

2）按洽谈参与人员多少划分为一对一洽谈、小型洽谈、中型洽谈和大型洽谈

①一对一洽谈是一个推销员和一个顾客之间的推销洽谈。推销数量和金额都较小的洽谈大多是一对一的。由于洽谈的双方均只有一个人，都单独作战，洽谈起来相对比较困难，对于推销人员的独立思考能力、分析能力、判断决策能力的要求相对较高。当然，对推销人员的知识、能力及随机应变等综合素质的锻炼是非常大的。

②小型洽谈是双方参与洽谈的人数在2~4人的洽谈。这是一种比较常见的推销洽谈，一般适用于项目较大或内容比较复杂的推销洽谈。这种洽谈关键是推销洽谈团队组合，团队中要有一位主谈者，在一般情况下，主谈者就是决策者。

③中型洽谈指双方参与洽谈的人数在4~12人的推销洽谈，也是一种团队组合洽谈。

④大型洽谈指洽谈项目数量多、洽谈内容复杂并且双方参与洽谈的人数在12人以上的推销洽谈。这一类型洽谈的特点是洽谈人数多，往往拥有经济专家、法律专家、技术专家组成的顾问团，洽谈程序严密，有时还需把整个洽谈过程分成若干阶段、若干个中小型洽谈。

知识链接

精准把握客户需求

2016年，华为某客户决心在子网进行固网现代化改造，该项目投资大、周期长、土建服务占比高。一般运营商会采用销售融资的方式建网，华为与客户初步接触之后，客户的项目却迟迟没进展。原来，该客户不愿意做融资项目。为了坚定客户推进项目的决心，A系统部的

网络销售解决方案部决定向地区部求助,地区部派资深财务李雪文前去支援。

讨论投资测算之后,项目部和李雪文分析客户的财报,发现客户担心如此重大的投资会让其运营压力过大。于是,他们决定找到一种解决客户问题的商业模式,让客户实现轻资产运作。但国际会计准则租赁核算方案变更,轻资产运作模式变得非常困难。他们把所有能找的商业模式和融资材料都找了一遍。最终,经过探讨,他们认为,多个运营商共用一个基础网络、让第三方承接重资产是个不错的办法。这样的话,客户基础网络建设的投资成本压力就大大降低了。这个方案得到了地区部认可,客户方同意在部分区域试验这一方案,项目总算有了进展。

有针对地解决客户的本质需求,才能收获客户的信任,为今后合作打下坚实基础。

(资料来源:周庆,易鸣,向升瑜.给客户一个理由——华为销售谈判与沟通技巧[M].北京:中国人民大学出版社,2019.)

6.2 推销洽谈的步骤、方法和技巧

6.2.1 推销洽谈的步骤

推销洽谈是一个循序渐进的过程,它的基本步骤可分为资料准备、洽谈导入、正式洽谈。

1)洽谈资料准备

洽谈资料是洽谈中不可缺少的商品推销媒介,包括以下内容。

(1)实物资料

包括产品实物及按一定比例缩小的产品模型或者光盘影像资料。

(2)文字书面资料

包括企业的产品目录、产品说明书、产品的获奖证书、用户对产品的反映,产品使用的社会效益等。

(3)顾客的情况资料

包括顾客的姓名、年龄、职务、性格、特点、爱好、顾客本人及其所在部门和公司的状况、愿望和要求等。

推销人员掌握了这些基本情况,就可以大致判断顾客是怎样一个人,性格上是心胸开阔、慷慨大方,还是小心谨慎、斤斤计较;为人处世上是墨守成规,还是胆大妄为;在公司的地位如何;是否有决定权;等等。推销员可以根据这些资料,制订相应的对策,做洽谈准备工作。

(4)产品竞争情况的资料

推销员应尽可能掌握影响洽谈的几个比较重要的竞争对手的情况。如竞争对手的推销人员和他的经历、竞争者的推销策略、竞争者的产品或服务优缺点等,确定相应的推销方式和技巧。

2)洽谈导入

故事 1

一个过去推销各种家庭用品的推销员现在推销真空吸尘器。自他参加推销工作以来,

他总成功地用一句话就引起顾客注意。这一句话就是"我能向您介绍一下怎样才能减轻劳动吗?"

从以上故事我们可以看出,洽谈导入的关键是创造一种适宜的洽谈气氛。

在洽谈中,推销人员是主谈者,对洽谈气氛形成发挥着重大作用。因此,推销人员要本着诚信为本原则与人交往,与顾客坦诚相见,积极地帮助顾客解决问题和困难,顾客就会积极协助解决推销人员的问题。所以,与顾客打交道时,推销员必须讲信用,善于发现顾客的长处,用热情、诚恳的态度缩短双方的距离,给顾客留下良好印象,使其愿意与推销员交流。在具体洽谈中,推销人员要谈吐自然、风趣;介绍产品时要简明扼要、重点突出;说话时语调、语速适中,尽量用具体事例说明或演示产品,帮助顾客了解所推销产品的性能和用途。在仪容仪表方面,推销人员应衣着整洁得体,举止自然大方,有礼有节,用自己良好的礼仪态度,给顾客留下美好的印象。

3)正式洽谈

充分利用洽谈初期与顾客形成的良好气氛进一步了解顾客的实际情况,就洽谈的主题有的放矢与顾客沟通。一般情况下,洽谈主题可以围绕推销产品的情况、质量、价格、售后服务、结算等内容开展,并根据洽谈时具体情况灵活调整洽谈内容,合理安排洽谈时间,尽量满足双方的意愿,使洽谈顺利。

故事 2

门铃响了,一个衣冠整洁的人站在大门的台阶上。当主人把门打开时,这个人问道:"家里有高级的食品搅拌器吗?"男人怔住了,这突然的一问使主人不知怎样回答才好。他转过脸来和夫人商量,夫人有点窘迫但又好奇地回答:"我们家有一个食品搅拌器,不过不是特别高级的。"推销员说:"我这里有一个高级的。"说着,他从提包里掏出一个高级食品搅拌器。如果顾客承认他缺少某种产品,推销员是可以借题发挥的。假如这个推销员改变说话方式,一开口就说:"我来是想问你们是否愿意购买一个新型食品搅拌器。"或者说:"您需要高级食品搅拌器吗?"你想一想,这种说法的推销效果如何呢? 相比之下,两种不同方式的问话带来的效果是不同的。

【学习借鉴】

直播产品销售话术技巧

随着互联网技术、移动技术全面应用,直播销售逐步渗透至网络营销的各领域,企业在直播销售领域的投入逐渐加大,直播电商整体规模继续高速增长。结合直播带货的节奏设计,通常可以从以下7个步骤思考直播销售。

一、提出痛点

在正式介绍产品之前,先将观众代入生活场景中,用生活化语言描述用户的需求,结合消费场景找出用户的痛点以及需求点,从而使用户产生共鸣,给用户提供购买理由。

二、介绍产品

以带货为主要目标时,直播话术中最核心的交流内容就是介绍产品。前面引出痛点的环节,已经铺垫好了使用产品的重要性,这个环节里就要隆重介绍要销售的这款产品。

1. 介绍卖点

在展示产品时,主播一定要非常有技巧地介绍产品的特点,包括产品的核心卖点以及可能影响粉丝下单决定的不足之处,这样才能够成功推荐这款产品。

2. 从众心理

介绍产品时,可以利用消费者的从众心理,在产品销量、用户评价方面做文章。

3. 品牌背书

在介绍产品时,除了介绍基础的产品信息,还可以强调品牌的可信度、展现品牌形象或店铺优势,以增加消费者对产品的信任度。

4. 专业展现

除了要对销售的产品本身全面地了解以外,还要让观众觉得主播在该产品品类领域非常专业。专业水平越高则越容易获得用户的信任,也自然能带更多货。

三、价格对比

1. 直接对比

在介绍产品价格的时候,除了直接讲出产品的优惠政策外,还有一种方法就是和其他地方的售价对比,突出自己销售商品的低价。

2. 间接说明

除了直接用真实的数据向消费者展示本次销售产品的价格优势外,还可以描绘场景,间接说明这次的价格非常划算。

3. 赠品福利

直播销售还有一种价格优惠方式就是加赠赠品。巧妙地介绍赠品也可以很好地凸显产品的价格优惠力度。

四、饥饿营销

在直播销售话术技巧中,通常采用饥饿营销的方法让观众感觉到产品的紧俏程度。在很多主播的直播间,商品的件数是逐步增加的。

五、互动留人

主播须注意,整个话术过程中别忘了和粉丝经常互动,太长时间单方面介绍很容易造成观众流失。

六、打消顾虑

1. 坚定肯定产品

很多想买但又犹豫的观众会质疑主播说的话,这时候可以重复产品的优点,还有一种方法,就是直白地肯定产品。

2. 购物0风险

很多观众一直留在直播间听产品介绍,有意向购买,但可能担心产品不好用、不适合而且无法退货,这时候,主播可以通过话术打消粉丝的顾虑,比如做出售后服务承诺。

七、催促下单

在直播间停留到这个时候的顾客,多半支持主播或者对主播推荐的产品感兴趣,只是在下单过程中还犹豫不决,在这个环节,主播不用再说非常复杂的话,可以采用促单话术,刺激用户下单。

(资料来源:魏中龙.直播销售员[M].北京:中华工商联合出版社,2021.)

6.2.2　推销洽谈的方法和技巧

1）推销洽谈的方法

推销洽谈的方法很多,对不同商品、不同顾客可以采用不同方法。常见的洽谈方法主要包括提示法和演示法。

（1）提示法

提示法指推销人员通过语言或行为与顾客沟通、促成顾客购买的洽谈方法。在推销实践中,提示法可以分为以下几种。

①直接提示法。直接提示法是直接将产品特点、优势、价格等具体信息告知顾客然后建议顾客购买的洽谈方法。这种方法直接、迅速,可及时与顾客沟通,效率较高,是一种常用的推销洽谈方法。

☺推销员对买抽油烟机的顾客说:"我建议你买 168 F 这个型号,这款抽油烟机采用不锈钢的材质,外观美观大方,便于清洗,免费上门安装,实行全国联保,产品质量和售后服务都有较好保障。"

②间接提示法。间接提示法是推销员不直接提出自己的观点而通过介绍一些活动和优惠信息提示顾客购买的方法。

☺推销员对买抽油烟机的顾客说:"春节期间这款抽油烟机做优惠活动,每台优惠 50 元,还赠送本公司的烧水壶。今天购买相当于 8.5 折,春节过后优惠活动就取消了,现在购买比较合算。"

③积极提示法。积极提示法是推销员运用积极、肯定的语言和方式劝说顾客购买商品的方法。

☺推销员对买抽油烟机的顾客说:"你看,今年这款抽油烟机我们已经卖出 500 多台了,销售情况较好,售后回访用户评价也不错,您买了肯定不会后悔。"

④明星提示法。明星提示法是推销员利用名人效应来说服、动员顾客购买商品的方法。这种方法迎合了大众对明星崇拜的心理,利用名人的权威影响顾客的购买态度。

☺推销员对买抽油烟机的顾客说:"此款抽油烟机是××明星代言的,他因为使用后感到非常满意,所以就帮助公司代言了,您知道,这个明星一般不做产品广告代言。"

（2）演示法

演示法指推销员演示产品和操作示范等向顾客介绍产品、形象地展示商品的特点和优势以激发顾客购买的洽谈方法。演示法直观明了、生动形象、易于接受,一般分为产品演示法、文字演示法、图片演示法等。

①产品演示法。产品演示法指推销员展示产品功能、现场示范操作让顾客直观了解产品特点和性能、促进顾客购买的洽谈方法。常用于如家用电器、汽车、电动车、摩托车等产品洽谈。

☺"这是一款我们公司刚开发的食品搅拌器,您看,可以打磨胡椒等固体产品,可以打豆浆、花生浆等液体,可以打果汁,还可以打肉末,操作非常简单,您可以试试!"

②文字演示法。文字演示法指推销员利用一些真实有效的文字资料,如相关证书、新闻报道、权威机构证明等来证明产品的优势和功能并让顾客详细了解产品及企业的信息以获

得顾客信任的洽谈方法。

☺"这是我们新开发的一种环保洗衣粉,使用量只是普通洗衣粉的一半,不伤皮肤和衣物。该产品最近获得了国家环保绿色产品称号。这是相关证书,还有与过去产品对比的资料,您可以看一下,作一些了解。"

③图片演示法。图片演示法指推销员利用录影录像光盘、彩色图片等声像资料来说服顾客以刺激顾客购买的洽谈方法。由于采用了形象、生动的介绍,顾客容易被打动,并进一步了解产品。

☺"您现在观看的是我们公司开发的幸福花园样板房和花园景观光盘,我这里还有一些图片,您可以看一下。我们公司每天下午均派遣免费的交通车带大家到幸福花园实地感受,如果您感兴趣,可以到市中心花园坐车。"

2)推销洽谈技巧

(1)推销礼仪技巧

整洁、美观的仪表容易使顾客产生好感,给顾客留下良好的第一印象。在与顾客洽谈中,推销员不能按照自己的喜好或个性来穿着打扮,应穿着与自己的职业身份一致的服饰,顺应社会风尚,力求给人整洁、清爽、风度优雅的感觉,从外表上取得顾客的认同。推销人员既然要与人打交道,就要适度遵守社交礼节,保持言行有理有节,适度讲究谦让风度,不要与顾客在言行上争输赢。

故事 3

卖帽子与买鞋子

据传,20世纪20年代,在一个名为赫佐格奥拉赫的小镇,3家运动鞋作坊先后出现。其中一家作坊的老板年龄才20出头,起初他跟父亲在街头修鞋,后来从体育运动的蓬勃发展中捕捉到了商机,就大胆投资创办了一家制鞋作坊。

一次,小伙子和另外两家作坊的老板乘坐公共汽车去纽伦堡推销鞋子,车行至半路,上来一个拎着一大堆帽子的乘客。该乘客是推销员,刚站稳,他就拎出几顶帽子滔滔不绝地介绍起来。

那两个老板对帽子没有丝毫兴趣,纷纷把头侧向一边,可这小伙子却饶有兴趣地听着。后来,那个推销员对他说:"买一顶吧,如果我下了车,你就错过这个唯一的好机会了。"

"你的话有道理,但你的形象让我的购买欲打了不少折扣。"小伙子认真地说。

"我的形象?你是说我的穿着不得体?"推销员纳闷地问。

"不,你戴着非常不错的帽子,穿着非常不错的服装,但你的鞋上却沾满了泥土,这足以影响到你的产品形象!"小伙子更加认真地说。

推销员连忙掸了掸自己的鞋子,泥土依旧沾在上面,于是他尴尬地说:"在外奔波这是不可避免的。"

"你现在就可以买一双!"

其结果可想而知,卖帽子的推销员反倒买了一双鞋子,而那两位老板却眼睁睁地看着小伙子轻而易举做成了一笔生意。

几年以后,小伙子的作坊发展壮大成为一家大型制鞋公司,而那两位老板则成为他的员工。这个小伙子就是"阿迪达斯"的创始人——阿道夫·达斯勒。

卖帽子的推销员不但没卖出帽子,反而买了一双鞋子,这恰恰说明,推销的不单单是一种产品,也是一种形象。

（资料来源:王玉芬.商务礼仪:案例与实践[M].北京:人民邮电出版社,2018.）

思考 阿道夫为什么能卖出鞋子呢? 聪明的你从故事中得到什么启示?

（2）推销语言技巧

故事 4

重型汽车销售员乔治去拜访一位曾经买过他们公司汽车的商人。见面时,乔治照例先递上自己的名片,说:"您好,我是重型汽车公司的销售员,我叫……"才说了几个字,该客户就以十分不友好的口气打断了乔治的话,并抱怨当初买车时的种种不快。例如,服务态度不好、报价不实、内装及配备不实、交接车时等待得过久等。

在客户喋喋不休地数落着乔治的公司及当初提供汽车的销售员时,乔治静静地站在一旁,认真地倾听。

终于,那位客户把所有怨气都一股脑吐光了。当稍微休息了一下时,他才发现眼前的这个销售员好像很陌生。于是,他便有点不好意思地对乔治说:"小伙子,贵姓呀,现在有没有一些好一点的车型,拿一份目录来给我看看,给我介绍介绍吧。"离开时,乔治兴奋得几乎想跳起来,因为他手上拿着两台重型汽车的订单。

从乔治拿出商品目录到那位客户决定购买,整个过程中,乔治说的话加起来都不超过10句。重型汽车交易拍板的关键,由那位客户道出来了,他说:"我看到你非常实在,有诚意又很尊重我,所以才向你买车。"

倾听是销售的好方法之一,销售员通过倾听能够获得客户的更多认同。

（资料来源:崔小西.销售口才是练出来的[M].上海:立信会计出版社,2015.）

①倾听技巧。美国谈判和推销专家麦科马克认为,如果想给对方一个丝毫无损的让步,只要倾听他说话就成了,倾听就是最省钱的让步。在推销工作中,推销员必须掌握以下倾听技巧。

A.听取顾客发言时,不要先入为主、主观判断,要认真听取顾客意见和建议,默记顾客发言的重点。如果顾客意见和建议较长,可以用笔记录。

B.认真倾听顾客讲话,分析思考,控制自己的注意力,适时对顾客点头、微笑等,以表示在认真地听他讲话。

C.倾听时不要轻易插话或打断顾客的讲话,更不要随意评论。

因此,在洽谈时,推销员一定要学会倾听,适时、适度对顾客意见、建议加以附和与肯定,以表示理解、合作。

②提问技巧。

故事 5

有两家小吃店,每天顾客都很多,但是晚上结算时,左边小店的收入总比右边小店的收入多100多元。为什么呢? 我们来看看他们是怎样接待顾客的。

右边小店服务生问："你的米线加不加鸡蛋？"顾客如果说加,服务生就给顾客的米线里加上一个鸡蛋。但有的顾客会说不加。

左边小店服务生问："你的米线加一个鸡蛋还是两个鸡蛋？"顾客说："加一个。"所有顾客进店,服务生均问："加一个鸡蛋还是加两个鸡蛋？"顾客通常都会根据自己的喜好回答加一个或是两个鸡蛋。当然,也有说不加的顾客,但是很少。

提示 现在你知道为什么左边小店比右边小店收入高了吧,秘诀就在服务生的提问中。

在推销洽谈中边听边问可以引起顾客注意,可以控制洽谈的方向,也可以获得自己不知道的信息,使话题尽量围绕洽谈目标进行。因此,提问方法就显得特别重要。

A.限制型提问。这种提问方式的特点是限制对方的回答范围,有意识、有目的地让对方在所规定的范围内作出回答。

😊 与顾客约定洽谈的时间时,可以说："您看我是今天下午两点钟来见您还是三点钟来见您？"因为不管顾客如何选择,约定已经达成。如果问："我可以今天下午来见您吗？"顾客可能回答"可以"或"不可以",提问可能有50%被顾客拒绝。

B.婉转型提问。这种提问的特点是方法和语气婉转,既能了解对方的真实想法,又能避免双方难堪。

😊 在洽谈时推销员不知顾客是否接受自己的产品,又不好直接问,于是试探地问："这种产品的功能还不错吧？ 你能评价一下吗？"如果顾客有意,他会接受;如果顾客不满意,他的拒绝也不会使双方难堪。

C.启发型提问。这是一种以启发顾客对某问题发表看法和意见、了解顾客真实想法的提问方法。推销员可以在提问中引导顾客表达感受,促进顾客思考,以控制洽谈的目标。

😊 顾客:我想买一件送给老人的春节礼品。

推销员:您想买保健品,还是衣物。

顾客:买衣物吧。

推销员:什么价位的呢？

顾客:中等价位的!

D.协商型提问。洽谈工作进行到需要顾客作出决定时,应尽量用商量的口吻向顾客提问。

😊 "你看这样写合同是否妥当？""我们明天下午签合同可以吗？"顾客比较容易接受这种提问,即使洽谈有所变化,双方也能保持关系融洽,这有利于工作进一步推进。

③回答技巧。

A.留余地。如果顾客所提问题范围过大,有的问题已经超过推销员的职权范围,在回答时,推销员要有所保留,避免陷入被动的局面。

😊 顾客问："在价格上你能否给我打8折？"推销员回答："我们公司规定老顾客也只能打8.5折,我不敢乱做主张。这样吧,如果你的需要量大,我请示经理后给你答复。"

B.拖延推脱。如果遇上自己不能马上解答的问题,推销员可以找借口推脱。

😊 小王是一位电视机推销员,一次,他的好朋友到公司购买彩电。经过挑选,好朋友对店面上的彩电都不满意,就提出要小王领他到仓库去看看。小王很为难,不好直接拒绝,就说："前几天经理刚宣布不准任何顾客进仓库,过几天再说吧。"

C.顺水推舟。顾客常常站在自己的角度提出商品问题,如果推销员能随机应变,把顾客提出的所谓问题转化为商品的优点,就会将顾客提出的反对意见转化为积极意见,成为购买理由。

😃"这个太贵了。"

"是的,太贵了,世界一流的名牌产品当然要贵一些喽。"

(3)报价技巧

在推销洽谈中,顾客常常对推销品的价格提出异议,讨价还价。推销员如果处理不好,讨价还价的过程可能直接影响甚至决定交易的成败。所以推销员必须掌握一定报价技巧。

①先行报价法。在推销洽谈中,采用先行报价法,是推销员争取主动、为洽谈划定价格范围的基础。

😃在计算机推销中推销员报价2 000元人民币,那么,经过双方洽谈后,最终价格一般不会超过2 000元人民币。

②比较报价法。为了消除顾客对价格的障碍,推销员可多采用比较报价法。拿所推销的商品与另一种商品作比较,说明定价的合理性。

😃一位录音机推销员对顾客说:"这台录音机的价格只是你每天乘公交车费用的1/3,你说划不划算?"

③奇数报价法。奇数报价法是保留价格尾数的报价方法。

😃报价399元,而不是400元;报价9.9元,而不是10元;等等。这种报价方法使顾客认为价格是经过计算得出的,而不是胡乱定的,同时给人一种物美价廉的感觉。

④小单位报价法。将报价单位缩到最小,让顾客产生一种不贵的感觉。

😃每斤糖20元,报价时你却说:"不贵,才两块钱一两。"

⑤高价报价法。推销人员故意将推销品的价格报得很高,专门应对那些喜欢讨价还价的顾客。

😃推销员把价格定得高高的,顾客就会将精力集中在与推销人员的讨价还价上,这样推销人员就可以一次降一点,降了三四次,顾客不好意思了,也会表示满意。

【学习借鉴】

推销谈判中以退为进的让步技巧

1.替自己留下讨价还价余地。如果你是卖主,喊价要高一些;如果你是买主,出价要低一些。无论哪种情况,都不能乱给价,给价务必在合理范围内。

2.有时候,要先隐藏自己的要求,让对方先开口说话,让他表明所有要求。对方主动找你谈买卖时,更要先稳住。

3.让对方在重要的问题上先让步。如果我们愿意,可在较小问题上先让步。不过你不要让步太快,晚点让步比较好。因为对方等得愈久就愈会珍惜。

4.同等级让步是不必要的,如果对方让你60%,你就让40%;你若让出40%,要能换取对方的60%。否则,就不要急于让步。

5.不要作无谓的让步,每次让步都要使对方获得某些益处。当然,有时你也不妨作一些对你没有任何损失的让步。

6. 如果谈判关键时候你碰到棘手的问题，请记住，"这件事我会考虑"也是一种让步。

7. 学会吊胃口。人们总珍惜难于得到的东西。假如你真的想让对方满意，就让他努力争取每样能得到的东西。在让步之前，先要让对方争取一下。

8. 不要掉以轻心，记住，尽管让步，也要永远保持全局有利。

9. 假如你在做了让步后想要反悔，不要不好意思。因为那不是一种协定，还未签约，可以重新谈判。

10. 不要太快或过多让步，以免对方过于坚持原来的要求。在洽谈中，你要随时注意自己让步的次数和程度。

【做一做】

一、经典案例阅读

聪明的销售员

一天，一位男士在某品牌鞋店看中一双皮鞋，但觉得价格有点贵，便问营业员能否打折，营业员训练有素地问道："你喜欢这款吗？""不错，就是太贵了，能不能打折？""你先穿上试一下。"营业员一边取来皮鞋一边夸男士好眼光："这款皮鞋是小牛皮的，是一双透气好、会呼吸的皮鞋，而且采用全皮革衬里，最关键是采用全手工缝制。"这么好的皮鞋穿在脚上，这位男士感觉谈折扣的底气不足，营业员为难地说这是最新款、不打折。最终，这位男士按照原价购买了产品。

（资料来源：陆和平. 大客户销售这样说这样做[M]. 北京：中国青年出版社，2019.）

思考 1. 营业员的报价技巧给你什么启示？

2. 谈谈你对报价技巧的学习体会。

二、实践训练

[目的]
通过课堂实训，加深推销洽谈方法认识和具体实践。

[内容]
利用推销技巧模拟提示法、演示法学习与具体实践。

[参与人员要求]
1. 全班分为3个大组，推荐评委3人，学生按2人分小组，按照案例要求分别担任推销员和顾客。

2. 每小组学生采用角色互换方式分别采用不同推销洽谈技巧模拟提示法、演示法内容。

3. 各组对模拟情况打分、评价，推荐出优秀"推销员"并让其示范，教师做点评和小结。

[实训过程要求]
1. 任课老师提交提示法、演示法两份案例资料。

2. 学生阅读案例，分配角色，先模拟提示法后模拟演示法，完成模拟学习。

3. 每组学生角色互换一次。

4. 各组评委对本组模拟情况打分,做简单点评,推荐出本组优秀"推销员"并让其示范。

5. 教师对优秀"推销员"示范活动做点评和小结。

[认识和体会]

通过推销洽谈方法和技巧学习与实践,培养学生运用洽谈技巧和方法的实践能力和熟悉洽谈活动,通过提示法的"说"、演示法的"演",使学生进入推销员角色,拓展学生洽谈能力。通过课堂模拟与小组合作活动,鼓励学生积极参与实践,体会实践学习的重要性。

【任务回顾】

通过对本任务的学习,我们初步掌握了推销洽谈的概念,在了解推销洽谈种类和原则的基础上,能针对不同的顾客采用不同的推销洽谈技巧和策略。当然,我们也可以通过课堂实践训练、师生的模拟训练,来提高我们对推销洽谈方法的认识,实现推销洽谈促进顾客购买产品的目的。

【名词速查】

1. 推销洽谈:推销洽谈也称面谈或业务谈判,指推销人员运用各种方式和方法向顾客传递推销信息、与顾客沟通并说服和帮助顾客购买推销品的过程。

2. 推销洽谈的原则:在推销洽谈时,推销员应遵循针对性、鼓动性、参与性、诚实性四大原则。

3. 推销洽谈方式:①按推销洽谈的主题可分为单一洽谈和综合洽谈;②按洽谈参与人员多少划分为一对一洽谈、小型洽谈、中型洽谈和大型洽谈等。

4. 推销洽谈的步骤:推销洽谈是一个循序渐进的过程,它的基本步骤可分为资料准备、洽谈导入、正式洽谈。

5. 推销洽谈的方法:推销洽谈的方法很多,对不同商品、不同顾客可以采用不同方法。常见的洽谈方法主要包括提示法(直接提示法、间接提示法、积极提示法、明星提示法)和演示法(产品演示法、文字演示法、图片演示法)。

6. 推销洽谈技巧:推销洽谈技巧包括推销礼仪技巧、推销语言技巧(倾听技巧、提问技巧、回答技巧)、报价技巧等。

【任务检测】

一、单选题

1. 双方参与洽谈的人数在 4~12 人的是(　　　)。

　　A. 一对一洽谈　　B. 小型洽谈　　　　C. 中型洽谈　　　　D. 大型洽谈

2. 在推销洽谈时,你认为认真听取顾客意见(　　　)。

　　A. 重要　　　　　B. 不重要　　　　　C. 无所谓

3. 与顾客约定洽谈时间时,多采用(　　　)提问方式。

　　A. 限制性　　　　B. 婉转性　　　　　C. 启发性　　　　　D. 协商性

4. 一家公司在开展季节性促销活动,产品一律 7 折。一位顾客问能否打 5 折,小王回答说:"等我请示经理以后才能决定。"这种回答属于(　　　)回答。

A. 留有余地　　　B. 拖延推脱　　　C. 顺水推舟

二、多选题

1. 推销洽谈要遵循的原则包括(　　)。
   A. 针对性原则　　B. 鼓动性原则　　C. 参与性原则　　D. 诚实性原则
   E. 公平性原则

2. 按照推销洽谈的主题来分,推销洽谈包括(　　)等。
   A. 单一洽谈　　　B. 综合洽谈　　　C. 一对一洽谈　　D. 小型洽谈
   E. 中型洽谈　　　F. 大型洽谈

3. 提示方法包括(　　)等。
   A. 直接提示法　　B. 间接提示法　　C. 积极提示法　　D. 明星提示法

4. 产品演示法通常用于(　　)产品推销。
   A. 汽车　　　　　B. 电视机　　　　C. 洗衣机　　　　D. 住房

三、判断题

1. 推销即推销面谈,也称业务谈判。　　　　　　　　　　　　　　　　(　　)
2. 推销洽谈关键在于参加人数,可以不考虑气氛。　　　　　　　　　　(　　)
3. 在洽谈答复中,为了表示诚实,推销人员要彻底回答顾客的问题。　　(　　)
4. 推销洽谈中,推销员的职业礼仪常常决定顾客对推销员的好感程度。　(　　)
5. 洽谈导入的关键是洽谈准备工作。　　　　　　　　　　　　　　　　(　　)
6. 采用肯定语言和方式劝说顾客购买商品的方法叫直接提示法。　　　　(　　)

四、思考题

1. 什么是推销洽谈?
2. 在推销洽谈中推销人员需掌握哪些倾听技巧?
3. 简述推销洽谈的报价方法。

任务6　任务检测
参考答案

任务 7
处理顾客异议

和顾客发生冲突时,你会怎么办?

你是如何理解"顾客永远是正确的"这句话的?

 教学目标

1. 了解顾客异议产生的原因及类型。

2. 清楚处理异议的原则。

3. 运用处理顾客异议的步骤与方法。

4. 感悟成功推销员面对顾客异议的态度及优秀品质,加强自我培养。

 学时建议

1. 知识学习 4 课时。

2. 模拟实训 4 课时。

【导学案例】

一位农夫搬到城里居住，于是想把他的受过良好训练的牧羊犬"弄走"。他带着这条狗回到乡下，敲了一户人家的大门。一位老人拄着拐杖出来应门。农夫向老人打招呼道："您想买一条非常好的牧羊犬吗？我正想把它卖掉。"那老人回答："不要。"便立刻把门关上。农夫又相继敲开了五六家农户的门，并以相同方式向他们卖狗，结果都一样。

那天晚上，他把这事跟他的一位富有想象力的朋友说了。耐心地听完他的讲述后，他的朋友说："让我来帮你这个忙吧！"农夫非常乐意地接受了。

第二天，他的朋友敲开昨天农夫敲开的第一家农户的门。老人开了门，问："有什么事吗？"那位朋友说："我看得出您老人家的腿脚行动不太方便，我想您需要一条狗来替您做事。我有一条受过特别训练的狗，这条狗能帮您把母牛带回家，当然它还能照顾羊群，还能为您提供其他有用的服务。这条狗我现在只卖 100 美元，很便宜的。""好极了！年轻人，这条狗看起来是很好，我买下了。"行动不方便的老人很痛快地买下了那条狗。

异议并不能说明顾客不与推销员合作，可能只是在某个时间或某一环节上对推销员的想法有抵触。异议不仅能被克服，还可以为人所用。只要了解造成异议的原因，就容易将异议化为成功的力量。

（资料来源：孟昭春.成交高于一切：大客户销售十八招[M].北京：机械工业出版社，2007.）

你对顾客的异议持有怎样的态度呢？从案例中，你得到了哪些启发？

【学一学】

7.1　顾客异议产生的原因及类型

顾客异议指在推销沟通中顾客对推销员的推销内容所提出的不同意见和看法。如，"你们的产品价格太高了""真像你说的那样有用吗""我不需要你们的产品""我再考虑考虑"等。

福布斯曾经说："对推销而言，可怕的不是异议而是没有异议，不提出任何意见的客户通常是令人头疼的客户。"一位大师也曾说："推销是从顾客拒绝开始的。"如果推销人员懂得异议产生的原因及处理方法，就能冷静、坦然地化解不同异议，使成交更有希望。

7.1.1　顾客异议的产生原因

顾客异议的产生原因包括多方面，可能因为顾客本身，可能因为推销人员及其代表的企业，也可能是商品本身所引起的，甚至还有可能是社会因素导致的……在推销工作中，顾客异议是不可避免的，有时候会贯穿推销活动的始终。当顾客提出异议后，推销员应冷静地分析异议的产生原因,这有助于推销人员掌握处理异议的规律和技巧并着手解决问题。

1)顾客方面原因

来自顾客方面的异议:有的顾客由于性格的原因,自我意识较强,会对推销过程产生异议;当顾客心情不佳时,顾客可能提出各种异议;由于自己或亲朋好友曾有过因推销而引起的不愉快的经历,有的顾客对推销业和推销员产生抵触甚至反感情绪;顾客对新产品缺乏认识;等等。对于这些异议,推销员一定要根据顾客产生异议的具体情况,进行必要的了解、介绍和解释,而对于顾客个性、偏见等问题,则宽容大度、尽力理解顾客,这样才能消除异议,取得顾客的支持。

故事 1

理查德·加德纳(Richard Gardner)正准备把他的汽车开进库房。由于近来天气很冷,斜坡道上厚厚的冰给汽车驾驶带来了一定困难。这时候,一位懂文明讲礼貌的行人顺势走过来帮助,他又是打手势又是指方向,在他的帮助下,汽车顺利地绕过了门柱。他凑过来问:"您有拖缆吗?"加德纳回答:"没有。"然后加德纳补充道:"可能没有。不过,我一直想买一条,但总没有时间。怎么啦?是否您的汽车坏了?"过路人回答:"不是的,我的车没有坏,但我可以给您提供一条尼龙拖缆。经实验,它的拉力是 5 吨。"这个过路人的问话立即引起加德纳注意,并且使他意识到他确实需要一条拖缆。这个过路人采用这种方法销售了很多拖缆。

(资料来源:现代推销学精品课程案例)

2)商品方面原因

(1)产品质量

产品质量是顾客购买的直接原因。推销品质量包括的产品的实用性、适用性、规格、颜色、包装等。如果这些让顾客产生疑虑以及不满,顾客就会产生异议。面对顾客的异议,推销员要耐心听取顾客意见,了解产生异议的真实原因,满足顾客需要。如果是因为产品质量所产生的异议,应及时查找原因、修正错误、提高产品质量。

故事 2

1985 年 12 月的一天,青岛海尔电冰箱总厂厂长张瑞敏收到一封用户来信,用户反映工厂生产的电冰箱有质量问题,张瑞敏带领管理人员检查了仓库,发现仓库的 400 多台冰箱中 76 台不合格。张瑞敏随即召集全体员工到仓库开现场会,问大家怎么办?当时,多数人提出,这些海尔电冰箱外观划伤,但并不影响使用,建议将这些冰箱作为福利便宜卖给内部职工。而张瑞敏却说:"我要是允许把这 76 台海尔电冰箱卖了,就等于允许明天再生产 760台、7 600 台这样的不合格冰箱。放行这些有缺陷的产品,就谈不上质量意识,并且会加大海尔冰箱维修站工作人员维修难度。"他宣布,把这些不合格的海尔电冰箱全部砸掉,谁干的谁来砸,并抢起大锤亲手砸了第一锤。海尔的这一锤砸醒了海尔人的质量意识,砸出了海尔"要么不干,要干就要争第一"精神。如今,海尔集团已经成长为世界第四大白色家电制造商。

（2）产品服务

在推销过程中，顾客对服务产生的异议主要集中在以下几方面：提供的企业、产品信息不全或不清楚；服务态度、服务方式让顾客不满意；售后服务不明确或不方便等。

许多优秀企业都有着这样的推销理念：销售的不一定是产品，而是服务。曾任通用面粉公司董事长的哈里·布利斯曾这样忠告公司的推销员："忘掉你的推销任务，一心想着你能带给别人什么服务。"一旦思想集中于服务别人，就会变得更有冲劲、更有力量、更加令人无法拒绝。说到底，谁能抗拒一个竭尽所能帮助自己解决问题的人呢？服务是产品整体概念的组成部分，它能够为顾客带来有形和无形利益。许多顾客购买某种商品就因为看重了它的良好的服务和品牌效应，产品服务在现代社会里可以成为企业竞争的利器。因此，做好服务工作是消除顾客异议、增进与顾客的感情的一大亮点。

（3）产品价格

价格是形成推销障碍最常见、最重要的原因之一。有的顾客因为支付能力问题认为价格较高；有的顾客喜欢货比三家，认为与同类产品相比较价太高；有的顾客认为产品质量与价格不符；有的顾客认为便宜无好货，购买了有失身份；等等。总之，顾客对价格异议不一而足，推销人员要认真研究和掌握顾客在购买过程中的心理活动，有针对地采取价格策略，以消除顾客的价格异议。

3）推销方面原因

（1）推销声誉不佳

企业如果曾经有过不负责任、不守信誉、不守承诺甚至采用欺骗手段坑害顾客的推销历史，就会损害企业的推销声誉，给推销工作带来很大影响。要改变这种局面，企业须制订良好的整改策略，加上推销人员坚持长期细致而诚恳的态度和行为，坦然面对问题，以重新赢得顾客的信任，逐渐消除顾客的疑虑。

（2）推销员素质低

推销员如果服务不周、礼仪不佳、信誉不好、提供信息不足等，就会引起顾客厌恶和反感而拒绝购买商品。一般情况下，顾客不会直接表达对推销员所产生的异议，而是找许多借口推脱购买。因此，推销员的业务素质以及仪容仪表、言谈举止就显得十分重要。

7.1.2 顾客异议的类型

顾客异议的表现形式是多种多样的，常见的顾客异议包括以下几种。

1）需求异议

需求异议指顾客认为产品不符合自己的需要或不需要推销品而提出的反对意见。它往往是在推销人员向顾客介绍产品后顾客当面拒绝的反应。

☺"我的面部皮肤很好，不需要用高档化妆品""我们根本不需要它""这种产品我们用不上""我们已经有了"等。

顾客的两种需求异议：一是顾客已经有了同类产品，确实不需要，推销人员应表示理解，停止推销活动；二是顾客没有认识或不能认识自己的需求，说"我们根本不需要它"等语言只是希望摆脱推销员的推销。对于第二种情况，推销员应耐心与顾客沟通，激起顾客需求欲望,消除顾客异议。

2)支付能力异议

支付能力异议指顾客借口没有支付能力或者支付能力不足而提出的异议。

☺"产品不错,但我带的钱不够"或"太贵了,我还要考虑一下"等。

有的顾客是想通过这种异议压低价格,有的顾客则是利用这种借口婉拒推销,面对这些情况,推销人员要态度诚恳,随机应变,了解顾客产生异议的原因,帮助顾客解决问题或停止推销等,以赢得推销的主动权。

3)权力异议

权力异议指顾客表示对推销品无权决定购买、须商量或请示等而提出的异议。

☺推销中,顾客常说:"这个东西不错,值得买,可惜我说了不算,要领导同意。"或者说:"要和太太(先生)商量,可惜她(他)出差了。"

对因为权力而产生的异议,推销员要做到一视同仁,不要因为顾客无权购买而忽略,也不要因为顾客拿无权做托词而冷落,而应该一如既往对待顾客,多观察了解,有针对地解决顾客异议,必要时,可以用激将法激励顾客交流,促进交易成功。

4)产品异议

☺顾客对产品产生的异议一般为产品性能是否可靠、产品质量是否上乘、商品是否新上市、产品样式太陈旧等。

顾客对产品产生的异议主要是对产品的质量、样式、设计、规格、包装乃至时尚感、流行趋势等方面所产生的异议。产品异议较为常见,顾客常根据自己的喜好来判断产品质量,带有一定主观色彩。因此,推销人员应对产品充分了解和认识,不要故意夸大产品优点和功能,通过客观介绍产品来消除顾客异议。

5)价格异议

在实际推销工作中,价格异议是最常见的异议,顾客对产品的主要异议大多与产品的价格有关。

☺顾客常说:"太贵了,我买不起。""怎么××产品与你们的差不多但价格更低?"

顾客提出价格异议,表明对推销产品有购买意向,只是对产品价格不满意,还须进一步讨价还价才能作出购买决定。当然,不排除有的顾客以价格高为由拒绝推销人员的推销。对这类异议,推销人员应重点介绍产品的性能、耐用性、新颖性等方面优势,采用适当降价、赠送礼品、提供服务优惠条件等策略说服顾客接受价格。

6)服务异议

这也是一种较为常见的异议,指顾客针对购买产品售前、售中、售后等服务环节内容和方式所提出的异议。

☺"你们送货速度太慢了,害我等了一下午""在安装抽油烟机的时候,你们把我的墙面瓷砖震裂了,怎么办?"等。

服务异议虽然与顾客的消费心理与习惯有关,但随着社会进步、市场竞争加剧,顾客自我保护意识不断增强,这方面异议会越来越多,顾客所提出的服务要求也会愈来愈高,推销人员须不断理解和掌握企业的政策规定和销售程序,运用恰当方法取得顾客的谅解、支持和合作,提高服务质量。

7)推销人员异议

推销人员异议指顾客针对个别推销人员表示不信任、不满意而提出的异议。

☺"你什么态度,我不买就不能看看?""我只不过多问几句,你发什么火?""这种化妆品真像你说的这么有效吗?"等。

我们常常见到这样的情形:一些顾客对推销员个人或推销员所代表的某个企业有一些偏见或成见,所以不愿接近推销人员,更不愿接近推销的产品。要解决这类异议,推销员必须做到产品介绍实事求是、服务态度和蔼真诚、言谈举止有礼有节,不断提高和完善自己的职业素质,做到"推销产品时,首先应推销自我"。

8)购买时机异议

这类异议主要是顾客认为现在不是最佳的购买时间或不想购买你所推销的产品时所表示的异议。

☺"今天我还未想好,过几天我再来看看""让我考虑考虑,然后给你回复""我回去同领导商量一下,周五给你电话"等。

顾客提出这类异议,有时可能因为顾客对你推销说明的某个观点还不明白,有时可能觉得你提出的商品价格太贵,或者顾客没有决定权或顾客还要考虑交易时间,等等。对于这类异议,推销员只有了解顾客产生异议的真实原因、分门别类地加以耐心解释、争取顾客的理解,才能说服顾客做出决定。

9)竞争者异议

竞争者异议常受顾客消费习惯影响,对新产品而言更是如此。

☺面对不熟悉的产品,顾客会说:"我用的是某某品牌的产品""多年来我用都是用××品牌的化妆品,我已经习惯了""我从来没有听说过你们产品的名字"等。

对于这类异议,推销员不能操之过急,要因势利导,只要能证明产品的特点更突出、功能更新颖、物美价廉,那么,就能较好地消除顾客的异议。当然,推销员也要具备推销道德,不能一味为了抬高自己产品的声誉而打击竞争者产品,而应该真诚地与顾客沟通,最终获得顾客的信任。

7.2 顾客异议处理的原则和态度

7.2.1 顾客异议处理的原则

1)接受顾客异议

在推销活动中,遇到顾客的不同意见甚至反对意见是很正常的事。顾客提出购买异议,从一定程度上反映了顾客的购买意向。有一句经商格言："褒贬是买主,无声是闲人。"说的就是这个道理。因此,无论什么原因,顾客异议都是顾客对推销品感兴趣的表现,对有经验的推销人员来说是较好的推销时机。美国著名推销大师汤姆·霍普金斯把顾客的异议比作金子:一旦遇到异议,成功的推销员会意识到,他已经到达了金矿;当听到不同意见时,他就是在挖金子了;只有在得不到任何不同意见时,他才真正感到担忧,因为没有异议的人一般不会认真地考虑购买。

2)尊重顾客异议

俗话说,要想得到别人的尊重,首先应尊重别人。作为一个推销人员,如果要取得顾客的信任,顺利展开推销工作,就必须先尊重顾客提出的各种异议。认真耐心地听取顾客异议,了解顾客产生异议的原因,抱着为帮助顾客、为顾客解决问题的态度客观地解释回答顾客异议,顾客就会体会到推销员对自己尊重和理解,顺利沟通,接受推销人员的观点和建议。

3)不与顾客争辩

在推销工作中,推销员不要与顾客争执和争吵,这是解决顾客异议的基本原则。当提出异议时,顾客本来就有意见或不满意的情绪,推销人员如果为了说服顾客急于求成与顾客争执,不仅不能消除顾客异议,还会让顾客的不满意情绪扩大,这不利于推销沟通。当顾客抱怨、冷淡甚至冷嘲热讽、刻薄时,推销员要保持冷静,不要过激地与顾客产生冲突,用以理服人、以礼相待的态度化解顾客异议。有时"理直气壮"远不及"理直气和"的效果好。

故事 3

小李是某品牌女鞋的推销人员。一天,一位女顾客到店里大声呵斥:"你们的鞋子有质量问题,把我脚磨破了,我要退货! 我要退货!"小李对怒气冲冲的顾客说道:"姐,先别生气,这事儿摊到谁身上都可能比较难受,因为你才买没多久就发现穿着不合适,这要放我身上我也会觉得烦。"小李先安抚了下顾客的情绪,然后接着解释道:"我们都知道新鞋有磨合期,刚开始可能不是每双鞋都那么合脚。"最后,小李想了想解决方案,说道:"不过你都已经过来了,大夏天的,这么老远,跑一趟不容易,你还是我们的老顾客,别着急,我无论如何都要想办法让我们专业的售后给您看看,实在不行帮您免费维修一下,一定处理到您满意为止,您放心吧。您先歇会儿。"女顾客脸上的神色明显有所缓和,语气柔和了下来,同意了小李的提议。

面对情绪激动的顾客,小李不仅没与客户争辩,反而通过三步引导,使得女顾客不好的心情得到缓解,最终解决了顾客的问题。

4)合理选择处理时机

把握消除顾客异议的时机,是一个合格的推销人员的基本功。那么,什么是处理顾客异议的最佳时机呢? 推销员应根据顾客异议的性质、顾客的个性特征等具体情况确定时机。

(1)提前处理

当察觉到顾客可能提出不同意见时,推销人员可以提前回答顾客问题。

😊"我知道你想问这产品比同类产品价格低是不是因为质量有问题。其实是因为我们公司周年庆典为老顾客做的优惠销售,等公司 10 天庆典活动结束,价格就恢复到以前了,如果你看好了,我来帮你挑选。"

(2)及时处理

一般情况下,提出不同意见后,顾客都希望能马上得到满意的答复,因此,果断处理顾客提出的不同意见是推销员处理此类问题的上策和最佳时机。

☺"你看,我刚试穿了一下,怎么衣服就有点发皱? 是不是质量有问题啊?"

"这件衣服是纯麻料的,穿起来会有一点发皱。您知道,一般材质纯正的麻料衣服才会发皱。这可是绿色环保的衣服哟,您放心吧,我们不会乱介绍。"

(3)推迟处理

在推销过程中,有时,马上答复顾客提出的不同意见,反而对推销工作不利,可以推迟处理加以解决。

☺"我多年都用你们的化妆品,是你们的老顾客了,再优惠一点吧。"

"如果您急着要,今天恐怕不行。这样吧,过几天三八妇女节,我们公司做优惠活动,到时您来看看吧。"

(4)不予处理

推销员不必回答顾客的每件异议,在某些情况下,不予回答可能效果更好。

☺当顾客评价竞争对手时,顾客说:"我看××品牌的产品比你们的好多了。"

推销员微微一笑。

☺当顾客自我炫耀时,顾客说:"这件衣服怎么用这些颜色搭配啊,这不符合色彩搭配的原则! 应该……"

推销员微微一笑。

推销员不能机械地遵守上述基本原则,而应随机应变、灵活运用。推销员在遵循不与顾客争辩的原则的同时,如果遇到顾客恶意污蔑企业或产品、造谣中伤、诽谤和人身攻击、煽动闹事等,就必须采取正当的防卫措施,义正词严地反驳或请求有关部门加以制止。

7.2.2　对待顾客异议的态度

作为推销人员,针对顾客不同异议,最重要的就是采取积极的态度,有的放矢做转化,从而建立相互间的信任和合作关系,促使推销工作顺利。

1)理解

中国有句老话:嫌货才是买货人。推销人员应当坦然面对并接受异议,抱着欢迎态度来对待顾客提出的种种异议,认真听取顾客的诉说,理解顾客产生异议的真正原因,为进一步处理异议做准备。一位营销高手曾说:"上帝给了你两只耳朵,却只给了你一张嘴,所以上帝的意思是让你少说多听。"多听少说是推销员处理顾客异议的有效方法之一。

故事 4

国际知名零售权威哈里·J.弗里德在销售生涯中有一段惭愧的经历。当时他正在带一位购买金项链的女士付款。那条项链无疑是世界上最细的金项链了,如果朝它吹口气,它恐怕就会断了。这条黄金项链重 14 克拉,而零售价只有 24 美元! 这位女士非常激动地提起项链,好像它价值 1 万美元一样。她说这是她有史以来为她丈夫买过的最贵的礼物。她还在想这是有史以来最便宜的破烂货，可她却要得意扬扬地把它送给丈夫当礼物。当时他感到庆幸，幸好他不是最初卖给女士项链的人，否则他很可能向她推销一款更男性化、更重的项链，那价钱会吓得她直接跑到西尔斯百货的内衣部。

如果你能够赞赏顾客对价格的态度，那就说出来。如果她说价格太高了，你要理解她的感受。让你的顾客知道，你关心她关心的事。

（资料来源：哈里·弗里德曼. 销售洗脑：把逛街者变成购买者的 8 条黄金法则［M］. 施轶，译. 北京：中信出版社，2016.）

2）自信

在对自己的公司情况、产品性能及竞争者的状况、市场销售情况和顾客的需求都十分清楚的情况下，推销人员应当相信自己能够妥善解决顾客提出的异议，在客户面前表现出落落大方、胸有成竹，感染、征服顾客，顾客也会对推销员和推销品充满信任，继续与推销员沟通。在一定程度上，推销员自信的程度决定推销工作的成功与否。

故事 5

早年由于事业失败，乔·吉拉德负债累累，更糟糕的是，家里一点食物也没有，更别提供养家人了。

他拜访了底特律一家汽车经销商，要求得到一份销售工作。经理见吉拉德貌不惊人，并没打算留下他。

乔·吉拉德说："经理先生，假如你不雇用我，你将犯下一生中最大的错误！我不要有暖气的房间，我只要一张桌子、一部电话，两个月内我将打破最佳销售人员的纪录。"

经过艰苦的努力，在两个月内，乔·吉拉德真的做到了，他打破了该公司销售业绩纪录。

乔·吉拉德的自信让他赢得了工作机会，也赢来了成功机会。

（资料来源：安迪. 销售要懂点心理学：销售心理学实战读本［M］. 北京：中国商业出版社，2016.）

思考 为什么乔·吉拉德能获得工作机会？

3）真诚

面对推销，一部分顾客会轻微表现异议，寻找借口回避推销员的推销。如果推销员态度诚恳，言行举止有礼有节，向顾客表达推销意向，表明自己所推销的产品和服务值得信赖，顾客的戒备心就会消除。因此，推销员要树立顾客第一观念，做到真诚有信，尊重、理解顾客异议，站在顾客的立场上，真心实意地帮助顾客解决问题。

故事 6

一天，东京的奥达克余百货公司接待了一位来买电唱机的美国女客户，销售员为她选购了一台没拆封的索尼牌电唱机，在女客户拎着电唱机离开后，销售员忽然发现卖给她的是个空心电唱机样品，于是告知了上级。奥达克余百货公司的经理认为，虽然女客户购买的只是一台电唱机，但此事关系到公司的声誉，于是召集员工大海捞针地寻找那位女客户，经过苦苦搜寻，他们得知该客户名叫基泰丝，是一位记者，他们费尽周折联系到了基泰丝的父母，先后打了35个紧急电话才找到了她。最后，奥达克余百货公司的副经理带着工作人员来到基泰丝的住处向她致歉，除了将新电唱机交给她之外，还赠送她一张唱片、一盒蛋糕以及一套毛巾。基泰丝说，在她发现电唱机没有机芯之后，立即写了一篇题为《笑脸背后的真面目》的批评稿，准备向奥达克余公司兴师问罪，然而没想到他们竟然花费如此大精力去弥补错误，基泰丝为此将批评稿撕掉，重新写了一篇题为"35次紧急电话"的特写稿。这篇稿件刊登之后反响强烈，奥达克余公司真诚对待客户的举动获得了良好的口碑，后来这个故事被美国公共关系协会推荐为世界性公共关系的样板，基泰丝成了奥达克余百货公司的"死忠粉"。

（资料来源：冷湖.销售心理学：直抵客户内心需求的成交术[M].天津：天津人民出版社，2019.）

4）执着

美国销售员协会曾经做过一次调查，结果发现，80%销售成功的个案是推销员连续5次以上拜访所达成的。在第一次拜访之后，48%的推销员便放弃继续推销的意志；拜访三次之后，12%的推销员也退却了；在拜访四次之后5%的推销员也放弃了；仅1%的推销员锲而不舍，一而再、再而三地登门拜访，结果他们的业绩占全部销售额的80%。这些数据充分证明坚持不懈的力量与效果。

故事 7

刚来到格力时，董明珠本可以当行政，但她选择了更有挑战的销售工作。她负责的是安徽市场，她来到安徽做的第一件事情就是追回前任留下的一笔烂账，董明珠决定打消耗战，每天雷打不动去找这位经销商，经销商一直不理甚至避而不见，这激起了董明珠的犟脾气，天天去"堵"，更放下狠话，发誓要一直跟着他不放，走到哪跟到哪。经过40多天斗智斗勇，最后这个经销商实在坚持不住了，让董明珠去仓库拿货。董明珠一口气将大批空调搬走，总算把账要回来了。

从这件事就可以看出董明珠身上的那种对目标执着和不达目的誓不罢休的倔强，这是一个顶尖销售员必备的素质。

（资料来源：韩笑.董明珠传：营销女皇的倔强人生[M].武汉：华中科技大学出版社，2017.）

7.3 处理顾客异议的步骤与方法

7.3.1 处理顾客异议的步骤

1）认真听取顾客的异议

理解顾客、诚恳地倾听顾客的意见，既是做人的美德，也是推销员应掌握的基本技能。在不清楚顾客异议的情况下，推销员要使顾客满意是不可能的。因此，认真听取顾客的意见，让顾客把话讲完，不要随意打断，这不仅是礼仪所致，也是一种职业素质修养。

故事 8

一天，美国知名主持人林克莱特访问一名小朋友，问："你长大后想要干什么呀？"小朋友天真地回答:"嗯……我要当飞机驾驶员!"林克莱特接着问:"如果有一天,你的飞机飞到太平洋上空时所有引擎都熄火了,你会怎么办?"小朋友想了想:"我会先告诉坐在飞机上的人绑好安全带,然后我挂上我的降落伞跳出去。"

当现场观众笑得东倒西歪时,林克莱特继续注视孩子,想看他是不是自作聪明的家伙。

没想到,孩子的两行热泪夺眶而出,林克莱特这才发觉这孩子的悲悯之情远非笔墨所能形容。于是林克莱特问:"为什么要这么做?"小孩儿的答案透露出一个孩子真挚的想法:"我要去拿燃料,我还要回来!"

提示 你真的听懂了别人说话的意思吗? 如果不懂,就请听别人说完吧,这就是"听的艺术":听话不要听一半,也不要把自己的意思投射到别人所说的话上头。

2)回答顾客异议之前应暂时停顿

顾客提出异议后,推销员不要急于解释或者表白自己,因为这样做容易使顾客产生误解,认为推销员为了随便应付而回答,有的顾客还会认为推销员在推卸责任。在认真、耐心地听取顾客意见后,推销员应该稍作考虑,然后回答。对于职责范围外的问题,推销员还必须对顾客说明缘由,顾客觉得推销员是诚实可信、有责任感的才愿意配合。

3)要对顾客表现出同情心

对企业或产品提出异议时,顾客一般都带着某种主观感情色彩。因此,在回答问题时推销员应对顾客异议表示理解,在顾客觉得委屈或者抱怨时换位思考,对顾客表示同情,这样顾客就会保持和气、友善的心境,这有助于问题顺利解决。

4)复述顾客提出的问题

在顾客提出异议时,推销员认真听完顾客表达,可用自己理解的语言将顾客提出的问题复述一遍,这样可以向顾客表达已经明白了,表明很重视顾客意见,一定帮助他解决问题。许多优秀的推销员用这种方法和态度赢得顾客。

5)明确回答顾客提出的问题

推销员要清楚回答顾客异议,这样才能使推销工作顺利。在明确回答顾客异议时推销员应注意如下几点。

①交流中尽量增强与顾客的亲和力。

②不要超越权限随意向顾客做出承诺。

③语言要简练,表述要清楚,态度要诚恳,礼貌要周到。

知识链接

处理抱怨的 LSCPA 程序

第一步,Listen,细心聆听。

让顾客宣泄,辅以语言缓冲,为发生的事情道歉,声明想要提供帮助,细心聆听。这既让顾客一吐为快,也为自己后面提出解决方案做准备。

第二步,Share,分享感受。

对顾客的遭遇深表同情,这是化解怨气的有力武器。

第三步,Clarify,澄清事实。

查询事情的来龙去脉,获取更多信息,为提出解决方案做准备。

第四步,Present,提出方案。

说明各种解决办法,或者询问他们希望怎么办。

第五步,Ask for action,要求行动。

确认方案,总结将要采取的各种行动——你的行动与他们的行动。重复顾客关切的问题,确定顾客已经理解,愉快地结束沟通。

(资料来源:威廉·科恩,托马斯·德卡罗.销售管理[M].10版.刘宝成,李霄松,译.北京:中国人民大学出版社,2017.)

7.3.2　处理顾客异议的方法

对不同顾客异议,我们应该用不同方法处理。然而实践中所碰到的顾客异议是多种多样的,推销人员即使富有经验,有时也无法并且不可能掌握所有处理顾客异议的方法。在这里,我们向读者介绍一些最基本的方法。

1)忽视法

忽视法又称不理睬法,是顾客所提出的异议与推销活动无关或顾客提出一些无关紧要的问题时推销员避而不答的方法。

☺对于那些"为反对而反对"或"表现自己的看法高人一等"的顾客意见,可以采用一笑了之、微笑点头等方式应对,也可以用"您真幽默""真是高见""我还是第一次听到这样独特的评价"等语言来回答。

这种方法可以使推销员避免在一些无关、无效异议上浪费时间和精力,也可以避免节外生枝,使推销员按照预定推销目的展开工作,把精力集中在推销重点上,从而提高推销效率。当然,这样做可能使顾客觉得自己的异议没得到应有的重视而产生不满,从而产生新的异议。因此,推销员应慎重使用忽视法,不要让顾客觉得你不礼貌或者故意不理他。

2)补偿法

补偿法又称抵消法、平衡法,指推销员在坦率承认顾客异议的同时给予顾客其他利益补偿的处理异议的方法。补偿法的运用范围非常广泛,效果很好。

☺面对普遍的价格异议——"太贵了",推销员对顾客说:"是的,你说的我同意。因为我们都希望能用最便宜的价格买到最好的产品。但只要是商品就一定会有相应的成本,高质量的产品更是如此。我们公司的产品的质量和售后服务保障都是一流的,这才是最重要的,您说是吗?"

给顾客某种补偿时,应让顾客产生两种感觉:一是性价比合理,产品的质量与销售价格完全相符;二是产品的优点对顾客来说是重要的。使用这种方法,既体现了推销人员诚实的态度,又反映了推销人员站在顾客的立场上替顾客着想的服务精神。更重要的是,顾客更清楚地看到了购买利益,达到心理平衡,增强购买的信心。

3)太极法

因为武术中的太极具有借力打力特点,所以太极法也称借力法、转化法,指推销人员直接利用顾客异议、将其转化为推销动力的一种处理异议的方法。

☺ "这种塑料盘子太轻了。""这种盘子的优点就是轻便,正是针对女性特点设计的,用起来极为方便轻巧,便于携带。"

"我的孩子连学校的课本都没兴趣,怎么可能会看课外读本?""我们这套读本就是为激发小朋友的学习兴趣而特别编写的。"

这种方法是把顾客的异议及时变成说服顾客的理由,以攻为守,变被动为主动,直接引证顾客的话,让顾客感觉推销人员重视自己的观点和意见,针对性较强。使用太极法时推销员要注意分寸,不要让顾客觉得推销人员在钻空子、强词夺理,而是积极地与顾客沟通,缓解顾客异议,打消顾客顾虑,促使顾客购买。

4)询问法

询问法也叫反问处理法、追问处理法,指推销人员利用顾客异议来反问顾客从而化解异议的方法。在处理异议中,推销员可以通过询问顾客,引导顾客说出反对意见,了解顾客产生异议的真正原因。

☺ "这种空调的质量不好。"

"您为什么会这样想?"或"请您讲得更详细一点,它的质量哪里有问题?"

当推销人员提出为什么的时候,顾客通常有以下反应:回答自己提出反对意见的理由,说出自己内心的想法,如果顾客的信息只是道听途说,你反复询问,顾客就会检视自己提出的反对意见是否妥当。如果顾客真的对产品质量有异议,推销员可在询问过程中引导顾客进一步了解产品,消除顾客异议。因此,在使用询问法时,推销员要因势利导,与顾客沟通彻底,获得顾客信任和满意。

5)"是的……如果……"法

"是的……如果……"法也称为假设法,就是推销人员根据有关事实或者理由间接地否定顾客异议并矫正顾客观点的方法。这种方法的语法形式表现为"对……但是……"或"是的……不过……"。"是的……如果……"等句法是在处理顾客异议时表现推销员的委婉态度,用"是的"同意客户部分意见,用"如果"表达推销员的解释,既体谅了顾客的疑虑或难处,又纠正了顾客的不准确观点,容易获得顾客的认同。

☺ "这件衣服的式样已经过时了。"

"对的,这是上半年的式样,有点过时,不过现在我们正在打折,打折幅度较大,且商品本身质量相当不错,您买了以后不会吃亏。"

下面是推销员回答,请比较一下,哪种较好?

☺ 实例一

A:"您根本没了解我的意思,因为状况是这样的……"

B:"平心而论,在一般状况下,您说得都非常正确,如果状况变成这样,您看我们是不是应该……"

☺实例二

A:"您的想法不正确,因为……"

B:"您有这样的想法,一点也没错,当我第一次听到时,我的想法和您完全一样,可是如果我们进一步了解……"

💡提示 在以上两个实例中,方式B表达将使推销人员受益无穷,是推销人员根据有关事实和理由间接否定顾客的异议。

6)直接反驳法

直接反驳法指推销员根据比较明显的事实与充分的理由直接否定顾客异议的方法。它适用于处理由于顾客的误解、成见、信息不足等而导致的有明显错误、漏洞、自相矛盾的异议以及顾客对企业的声誉、诚信、服务、资质及合法性等产生的怀疑。当顾客引用道听途说、未经证实的错误资料望文生义地理解产品概念和服务观念时,推销人员须采取直接反驳的方法来处理顾客异议。

☺"我听说你们这种产品是国外已经淘汰的产品,你们怎么还在卖?"

"你听到的肯定是虚假信息,我们这款产品今年1月份刚获得国家专利申请和国家产品质量监督局的优质产品证书,怎么会是淘汰产品呢?"

使用直接反驳法时,要注意:反驳顾客的异议时要站在顾客的立场上,要给顾客提供有理有据的信息,自信地摆事实、讲道理,态度要诚恳真挚、平易近人,不要板着脸说教,要"说服"顾客,而不是"压服"顾客。使用这种方法时,要考虑顾客个性,对于较敏感和易激动的顾客尽量不使用这种方法,以免使顾客产生心理压力和抵触情绪、伤害顾客的自尊、引起顾客的反感而造成推销气氛紧张。

7)分拆法

分拆法,即把顾客认为偏高的整体数据异议分拆为零散的数据来处理顾客异议的一种方法,适合于处理如涉及产品价格、交货时间、付款方式、订货数量和信贷条件等具体量化的顾客异议。

☺"5 000元的平板电视太贵了。"

"这种电视使用寿命是10年,等于一年只花费了500元,相当于一年看20场电影的价格。"

☺"一年交纳1 000元保险费用,太多了。"

"我详细算了一下,每天交纳的保险费还不到3块钱。"

分拆法主要通过数量分解,分散顾客对整体数量的注意力,将数据分次计算,让顾客理性地看待推销员提供的数据,消除顾客异议,便于下一步沟通。

在推销实践中,我们可以采用几种甚至多种方法来处理顾客异议,推销员须不断学习和总结经验,根据推销工作的实际情况随机应变、灵活处理,产生相应的效果,切实解决顾客异议。

【学习借鉴】

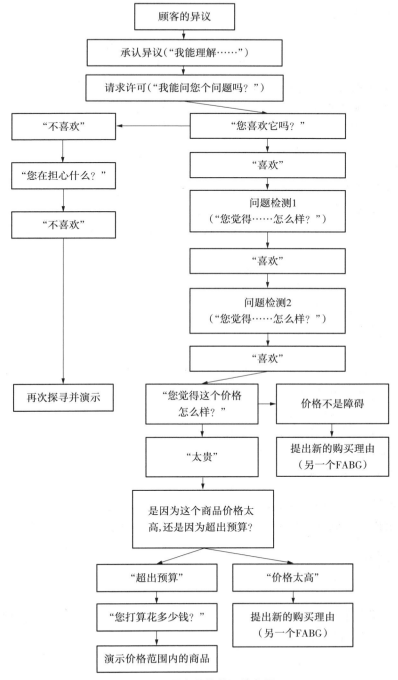

图 7-1　顾客异议处理流程图

（资料来源：哈里·弗里德曼.销售洗脑：把逛街者变成购买者的 8 条黄金法则［M］.施轶,译.北京：中信出版社,2016.）

【做一做】

一、经典案例阅读

亚力森与工程师

亚力森是美国西区计算机公司的著名推销员,他花了很大劲才卖了两台发动机给一家大工厂的工程师。亚力森决心要卖给他几百台发动机,因此,几天后又去找他。没想到那位工程师却说:"亚力森,你们公司的发动机太不理想了,虽然我需要几百台,但是我不打算要你们的。"

亚力森大吃一惊,问道:"为什么?"

"你们的发动机太热了,热得我们连手都不能放上去。"

亚力森知道,跟他争辩是不会有好处的,得采用另一种策略。他说:"史密斯先生,我想你说得对。发动机太热了,谁都不愿意再买,你要的发动机的热度不应该超过有关标准,是吗?"

"是的。"亚力森得到了第一个肯定回答。

"电器制造工会规定:设计适当的发动机的温度可以比室内温度高出 72 ℉,是吗?"

"是的。"亚力森得到了第二个肯定回答。

"那么,你们厂房有多热呢?"

"大约 75 ℉。"

"这么说来,72 ℉加 75 ℉一共是 147 ℉,想必一定很烫手,是吗?"

"是的。"亚力森得到了第三个肯定回答。

紧接着,亚力森提议说:"那么,不把手放在发动机上行吗?"

"嗯,我想你说得不错。"工程师赞赏地笑起来,他马上把秘书叫来,为下一个月开了一张价值 35 000 美元的订单。

(资料来源:龚荒.商务谈判与沟通:理论、技巧、案例[M].2 版.北京:人民邮电出版社,2021.)

思考 1. 在推销过程中亚力森遇到了怎样的顾客异议,他是如何解决的?

2. 如果你面临同样的问题,你有更好的方法尽心处理吗? 请简要说明。

二、实践训练

[目的]

通过"看""练""比"三层次活动,让学生对顾客异议能从感性认识上升到理性认识,较熟练地掌握处理顾客异议的方法。

[内容]

认识与理解顾客异议的类型、处理步骤及方法。

[参与人员]

1. 实训指导:任课老师。

2.实训编组:学生按6~8人分成若干小组。

[要求]

1.学生按6~8人分成若干组,全员参与。

2.教师可以根据学生的实际情况及特点有选择地完成步骤。

[实践训练步骤]

1.看——到生活中看看销售人员处理顾客异议的过程,思考并总结他们成功或失败的地方,到课堂上交流。

2.练——典型顾客异议处理的模拟训练实训小结。如,对不起,我们的商品已经有供货商了;让我考虑考虑;听说这种产品的效果不明显;你们的产品比其他同类产品……

3.比——各组事先模拟、描述一个销售场景,准备1~2个常见顾客异议,然后各组轮流演示、处理其他某组的顾客异议,余下的组对演示的组评分(评分标准按教师要求,也可以由师生共同确定),评出最佳表现小组。

[认识和体会]

观察生活中销售人员处理顾客异议的过程,对顾客异议的各种类型及处理方法加深理解;通过课堂上进行的顾客异议处理模拟实践,进一步对本章内容由感性认识上升到理性认识。

【任务回顾】

学习本任务,初步分析顾客异议产生的原因及类型,理解处理顾客异议过程中应遵循的原则及对待异议的正确态度,并掌握处理顾客异议的步骤与方法。通过实训的"看""练""比"三层次活动,进一步对正确处理顾客异议从感性认识上升到理性认识。

【名词速查】

1.需求异议:需求异议指顾客认为产品不符合自己的需要或不需要推销品而提出的反对意见。

2.忽视法:忽视法又称不理睬法,是顾客所提出的异议与推销活动无关或顾客提出一些无关紧要的问题时推销员避而不答的一种方法。

3.补偿法:补偿法又称抵消法、平衡法,指推销员在坦率承认顾客异议的同时给予顾客其他利益补偿的处理异议的一种方法。

4.太极法:太极法也称借力法、转化法,指推销人员直接利用顾客异议、将其转化为推销动力的一种处理异议的方法。

5."是的……如果……"法:"是的……如果……"法也称为假设法,就是推销人员根据有关事实或者理由间接地否定顾客异议并矫正顾客观点的方法。

【任务检测】

一、单选题

1."对不起,我很忙,没有时间和你谈话。""因为你忙,您一定想设法节省时间吧,我们的产品一定会帮您节省时间。"这种处理顾客异议的方法叫( )。

    A."是的……如果……"法   B.忽视法

    C.补偿法   D.太极法

2.如果顾客的不同意见将随时间逐渐减少或消失,推销员可( )。

    A.提前处理   B.及时处理   C.推迟处理   D.不予处理

3."我需要再考虑考虑"属于( )。

    A.需求异议   B.产品异议   C.购买时机异议   D.财力异议

4.( )把顾客的异议变成说服顾客的理由,以攻为守,变被动为主动。

    A.补偿法   B.太极法   C.询问法   D.假设法

5.反驳法可以根据事实否定顾客的异议,这种方法在理论上讲应该( )。

    A.尽量避免   B.直接运用   C.效果很好   D.利于成交

二、多选题

1.当顾客提出异议时,推销员最好选择( )作为开场白。

    A."我很高兴你能提出此意见"

    B."你的意见非常合理"

    C."对不起,我没有时间和你谈论这些问题"

    D."你的观察很敏锐"

2.常见的顾客异议包括( )等。

    A.需求异议   B.产品异议   C.价格异议   D.服务异议

3.下列属于提前回答顾客异议的优点的是( )。

    A.先发制人,避免纠正顾客   B.大事化小,小事化了

    C.显示推销员重视顾客   D.使顾客感到推销员考虑问题非常周到

4.常见的处理顾客异议的方法包括( )。

    A.补偿法   B.太极法   C.询问法   D.假设法

5.顾客异议处理的原则包括( )。

    A.接受顾客异议   B.尊重顾客异议   C.不与顾客争辩   D.合理选择处理时机

三、判断题

1.推销人员应具有滔滔不绝的语言表达能力,在推销过程中多说少听。   ( )

2.推销产品时,首先应推销自己。   ( )

3.对于顾客的异议,推销员应该每事都予以回答。   ( )

4.推销人员在任何时候都不能辩解、反驳。   ( )

5.顾客的异议既可以看作成交的障碍,又可以看作成交的信号。   ( )

四、思考题

1.如何理解"推销是从顾客的拒绝开始的"这句话?

2.小李是某服装公司的推销员,上门向一位年轻的小姐推销服装。而这位小姐很喜欢这套服装的款式,但认为这套服装的颜色过于朴素,显得过时了。小李很清楚今年服装颜色恰好有返璞归真的趋势,顾客显然不太了解今年的潮流。可小李很清楚,她不能指责顾客不懂潮流。面对顾客异议,她应采取怎样的态度?她应运用什么样的方法处理?

3. 请分析下列顾客异议的类型与处理方法。

①对不起,我们的商品已经有供货商了。

②让我考虑考虑。

③听说这种产品的效果不明显。

④你们的产品与其他同类产品相比效果怎样?

任务7 任务检测
参考答案

任务 8
促成交易

 教学目标

1. 了解和熟悉促成交易应具备的基本条件。

2. 理解和掌握成交的基本策略和方法。

3. 理解和掌握成交的后续工作。

促成交易需要哪些条件？应注意哪些成交信号？成交以后是否就意味着完成了推销工作？带着这些问题我们一起来探究答案吧。

 学时建议

1. 知识学习 6 课时。

2. 课堂实践 2 课时。

【导学案例】

北京某高端品牌眼镜店营业员小赵,对于将顾客变为回头客有自己独到的经验,他说:"我的记忆力比较好,平时生活、工作中也很注意细节。一次,一位顾客在店内的精品专区流连,店长安排我去接待,巧的是这位顾客我两年前接待过,他的眼镜度数及配镜需求我记得特别清楚,刚好店里来了一款新的高端镜架,正是他喜欢的风格,在沟通过程中,顾客惊讶于我的记忆力。他这次进店是为等朋友,闲聊中我提出为其清洗眼镜。"这些看似简单、随意的行为,是小赵日常工作的一部分,也为他带来了不错的回报。"几天后,这位顾客再次进店,并提出要试戴一下我之前推荐的产品,更没想到的是当天就成交了两副。"

（资料来源:彭冬林.中小眼镜店售后服务经典案例分析[J].中国眼镜科技杂志,2017(3):116-117.）

提示 促成交易,就是要求推销员站在客户的立场上为客户尽可能多地提供优质的服务。

【学一学】

8.1 促成交易的含义和工作内容

8.1.1 促成交易的含义

促成交易,指顾客接受推销员的推销介绍和建议、实施购买行动、完成商品交易的过程。促成交易是整个推销工作的最终目标,也是整个推销活动的核心。

我们提高推销员素质,做推销准备工作,根据顾客需要沟通洽谈,解决顾客异议问题,建立顾客信誉,最终都是为了把商品卖出去,完成推销任务。可见,其他阶段推销工作都是实现成交的准备和基础,推销员能否在交易阶段注意顾客的购买信号、采用恰当的方式方法促使顾客购买商品就显得尤为重要。

8.1.2 促成交易的工作内容

1)明确推销目标,完成交易准备工作

在推销开展前,推销人员就要明确工作目标和方向,将目标细化到每一个工作过程中,必要时准备一到两个备选方案。特别是在顾客产生异议及发出交易信号时,要重视和处理顾客提出的建议和意见,使顾客保持对你和商品的信任和浓厚兴趣,引导顾客积极参与推销工作,做达成交易的准备。

2)全面了解和掌握顾客情况,做到心中有数

在前几章学习中,我们已经知道如何寻找顾客,在了解顾客需求的基础上来激发顾客购买欲望,掌握与顾客沟通的方法与技巧、正确处理顾客意见等知识和技能。在成交工作中推销员准备和掌握的这些信息资料,就可以为全面了解顾客打下坚实基础,为成交创造积极有

利的条件。

3)树立良好的企业形象,提高顾客信任度

在介绍产品的同时,推销员应积极地介绍生产企业的管理理念、发展情况、为顾客服务的观念、企业文化等,加深顾客对生产企业的印象,扩大其对产品的信任度,这不仅是一种宣传,也是促成顾客购买的必要条件之一。

4)让顾客全面了解商品,消除顾客疑虑

我们知道,如果顾客比较熟悉推销的产品,他们就会表现出购买热情,或表现出想与推销员沟通的态度,甚至接受推销员的建议。反之,他们就会毫不客气地拒绝推销员及商品。因此,作为推销员,应该主动向顾客展示商品,热情耐心地向顾客介绍商品的优势、价格、性能、用途等,尽可能消除顾客的疑虑。一句话,要根据顾客的不同心理,多给顾客了解产品的时间和机会。

5)寻找适当时机,促使顾客做出购买决定

一个优秀的推销员应坚信"事在人为",只要坚持不懈地努力就可能影响或改变顾客的想法。因此,推销人员要等待合适的时机,如与顾客谈话较投缘时、重大节假日等,促使顾客做出购买决定。

6)激发顾客购买欲望,促进顾客购买行为

在推销活动中,推销员能激发顾客的购买欲望,推销活动就成功了一半。当然,顾客有了购买欲望又具有购买能力时,欲望便会转化成现实需求。因此,作为推销员来说,工作重心就是做好推销说明工作,让顾客充分了解产品的性能及优缺点,影响和带动顾客产生购买欲望和购买行为。

8.2 促成交易的基本策略和方法

8.2.1 促成交易的基本策略

成交是推销工作的根本目标。在这个阶段,推销人员不仅要继续接近和说服顾客,而且要帮助顾客作出最后决定,促成交易并完成一定成交手续。如何实现成交目标,取决于推销人员是否真正掌握并灵活运用策略、成交方法和技巧。

1)捕捉成交信号,提出成交要求

(1)表情信号

顾客如果较长时间注视某种商品,对商品表现出浓厚的兴趣,或者在听到推销员介绍商品时眼睛一亮,就表明顾客对商品具有购买欲望。顾客如果对推销员的介绍和解释表示微笑、下意识地点头赞成你的意见,就表示他接受了推销员及商品并已产生购买意向。在推销实践中,推销员应抓住顾客购买意向的表情信号,及时上前与顾客沟通。

（2）姿态信号

在推销沟通时，比如，有的顾客会采用双手抱胸的姿态听你介绍商品，表明他对你的介绍抱有戒备心理。又如，如果你接近顾客，顾客却有意与你保持一定距离，表明他不愿意接受你。反之，如果顾客在听取你的介绍时表情柔和、点头示意表示赞同、身体离你越来越近，就表示顾客愿意接受你，在向你发出购买信号。

（3）行为信号

顾客如果认真阅读产品说明书、比较各项交易条件、要求推销人员展示产品并亲手触摸和试用等，都是在向推销员发出购买信号。

（4）语言信号

顾客如果询问产品交货时间、付款条件、交易方式等具体事宜，询问产品质量及产品使用方法，咨询产品售后服务或询问同伴、打电话咨询等，都是在间接表明他的购买兴趣，这是一种明确的成交信号，推销员应抓住时机，促进顾客购买。须注意的是，顾客语言由坚定转为商量也是一种购买信号。

【学习借鉴】

顾客购买信号

1. 顾客本来无精打采、垂头丧气，可现在却变得兴致勃勃。

2. 顾客准备靠回座椅突然又向前坐起。

3. 顾客把你和你的竞争对手的各项交易条件进行具体的比较。

4. 询问交货日期。

5. 把其他公司推销员安置一旁而独与你交谈。

6. 拿着一件样品不放，仔细地检查。

7. 反复试用样品。

8. 索取说明书或样品。

9. 以种种理由要求降低价格。

10. 要求详细说明产品的养护及费用、使用事项等。

11. 主动表示与推销员所在企业的职工或干部有私人交情。

12. 接待态度渐渐好转。

（资料来源：彦博.推销员必读[M].北京：中国商业出版社，2008.）

2）克服心理障碍，保持积极的成交态度

在推销过程中，推销员积极的情绪和心态是获得成交的基本保障。如果推销员在最后洽谈中表现出自信心不足，害怕遭到顾客拒绝，不敢主动提出成交要求，被动等待顾客，那么推销注定会失败。因此，推销员要通过不断学习和总结经验，克服自卑感，加强职业修养，培养职业自豪感，坚信自己一定能够说服顾客购买。另外，在推销活动中，真正达成交易的只是少数，当推销失败时，不要气馁，应坦然面对，学会分析失败原因，用平和的态度告诉自己：失败是推销工作的一部分，经历过失败，才能更好地总结经验，获得成功。只有这样，你才能以自然良好的心态去赢得顾客的信任、尊重与支持合作的机会。

3)掌握洽谈主动权,把握成交时机

如果推销员采用许多方式方法,与顾客营造了很好的洽谈气氛,积极引导顾客产生了购买欲望,就表明推销员掌握了洽谈的主动权,应该及时寻找成交时机,向顾客提出交易。一般来说,当顾客提出异议、继续沟通产品和服务事宜或者发出各种购买信号时,都是把握成交的时机。一个优秀的推销员应在整个工作中时刻注意顾客发出的购买信号,信号出现时,应及时与对方沟通并转入促进购买阶段,这样才不会失去成交机会。

4)留有余地,促成交易完成

在推销实践中,采用保留一定的成交策略,有利于开展重点项目推销和保留推销暂时不成功的机会。顾客从对推销员的推销产生兴趣到做出购买决定,总需要一定的时间和过程。当推销员与顾客的沟通进入交易阶段,顾客仍有顾虑时,推销员可将推销要点和优惠条件和盘托出,就能促使顾客下最后的购买决心。另外,顾客有时会犹豫,甚至告诉推销员,还要想想才能决定是否购买,推销员如果留下一张名片和产品目录,并对顾客说:"如果有一天你需要什么的话,请及时与我联系,我很愿意为你服务。在价格和服务上,我会考虑给你更优惠的条件。"那么,推销员就会发现回心转意的顾客又来找你咨询和购买产品了。

8.2.2 促成交易的主要方法与技巧

在推销实践中,促成交易的方法和技巧多种多样,一些是推销人员经过多年的工作实践总结提炼出来的,一些则是推销人员临场应变发挥出来的。常用的促成交易的方法包括以下几种。

1)主动请求法

请求成交法又称直接请求成交法。指推销人员直接要求顾客购买其推销品的一种成交方法。这是一种最简单、最基本的成交方法,在许多场合,也是一种最有效的成交方法。通常,下列几种情况可用请求成交法。

(1)面对老顾客时

☺"您是陈小姐吗? 我们店里又来了一批新货,有您喜欢的格子衣服,我帮您留了一件,有时间来看看吧。"

(2)顾客已发出购买信号时

☺当顾客不断把玩手机,并不断询问手机的功能时,推销员说:"你的眼光真好,这可是我们公司新推出的新款手机,512 G 超大内存,A15 仿生芯片,全新 6 核中央处理器,1 200万像素广角及超广角。而且现在我们正在促销,要不我把真机拿来,你选一台?"

(3)顾客对推销品有好感,但一时还拿不定主意,或不愿主动提出成交要求

☺一位家庭主妇对你推荐的家用电热水器感兴趣,反复询问它的安全性能和价格,但又迟迟不做购买决定。这时你可以用请求成交法帮助她做出购买决定:"这种电热水器既实用又美观,使用了安全的静电墙,你完全可以买下它放心使用。我还可以在价格上给你打九折,你看怎么样?"

请求成交法看似简单,但实际应用有一定难度。许多推销失败就只因推销员没开口请

求顾客订货。如果推销员不敢提出成交,怕顾客回绝他们,就会错失良机。在实际推销中,推销员要注意成交信号,克服成交心理障碍,把握促成交易的时机,主动提出成交请求。请求成交法是推销人员应该掌握的最基本的成交方法与技巧。

2)自然期待法

自然期待法指推销人员用积极的态度自然地引导顾客提出成交的一种方法。自然期待法并非完全被动等待顾客提出成交,而是在成交时机尚未成熟时以耐心的态度和积极的语言把洽谈引向成交。

☺ "您是我们的老顾客了,今天到店里来,我知道您对这款服装的款式、颜色都比较满意,这款服装也适合您的气质。如果您觉得价格稍高了一些,我去问问老板,给您再优惠一点儿,好吗?"

自然期待法采用尊重顾客的意向,保持良好的推销气氛,循循诱导顾客自然过渡到成交上,避免顾客产生抗拒心理,表现的是对顾客的诚意,在使用自然期待法时既要保持耐心温和的态度,又要对顾客加以积极主动的引导。当然,不要一味只跟顾客沟通,单纯考虑交易时机,否则也会影响推销效果。

3)配角赞同法

配角赞同法指推销员把顾客作为主角,自己以配角的身份促成交易的方法。面对喜欢自己做主的顾客,推销员应营造一种促进成交的氛围,让顾客自己做出成交决策,而不要用自己的观点尽力说服他,更不要强迫或明显地左右他,以免引起顾客的不愉快。因此,推销员既要尊重顾客的自尊心,又要富有积极主动的精神,促使顾客做出明确的购买决策,有利于成交。

☺ "我一看就知道您是行家,您的眼光非常独特,一般的人会认为这件衣服有些怪异,现在被您一搭配,就洋气了很多。效果真的很好,要不要带一件回去,我来帮您打包。"

运用这种方法时,可以借鉴四六原则,即推销员的附和赞同语言一般占洽谈内容的十分之四,而顾客语言一般可占洽谈内容的十分之六。当然,不能忘记,在当好配角的过程中,应认真倾听顾客的意见,及时发现和捕捉有利时机,并积极创造良好氛围,促成交易。

4)假定成交法

假定成交法又称假设成交法,是推销员在假设顾客接受推销建议的基础上与顾客讨论一些具体问题而促进交易的方法。

☺ "师傅,既然您对商品很满意,今天下午我们就把货物送到您家里,好吗?"

推销员通过假定成交的暗示,如果顾客没公开反对,离交易成功就不远了。当然,使用这种方法时,推销员必须分析顾客购买信号,在确认顾客已有明显购买意向时,才能以假定代替顾客的决策,但不能盲目主观地假定,使用不当或没有把握好成交时机,就会引起顾客反感,产生更大成交障碍,破坏成交的气氛,促使顾客拒绝购买。

假定成交法最适用于较熟悉的老顾客和性格随和的顾客,是一种较好的成交技巧,应用很广泛。

5)肯定成交法

肯定成交法是推销员通过肯定的赞美语言坚定顾客购买的信心从而促成交易实现的方法。从心理学角度看,人们总喜欢听好话,在推销过程中多用赞美的语言认同顾客的购买能力,可以有力地促进顾客无条件地选择并认同你的提示。

😊推销员热情地招呼一位女士。

"我看您的气质很优雅,我们公司设计的衣服和您挺配,要不您试穿一下这件宝蓝色的……您看,这件衣服穿在您身上多合适,好像是特意为您量身定做的,颜色让您的皮肤更白皙了,太漂亮了!"

听了类似的赞美词后,许多顾客就会痛快地将自己腰包内的钱掏出来给老板了。

肯定成交法是针对顾客的犹豫不决来先声夺人,先入为主,免去了许多重复性说明与解释。如果诚恳热情感染了顾客,推销员就会坚定顾客的购买信心与决心。当然,在赞美顾客时,一定要实事求是,不要夸大事实,更不能虚情假意,真心诚意地当好顾客的参谋,才能赢得顾客认同。

6)选择成交法

选择成交法是推销人员直接向顾客提供两种或两种以上的购买方案并且要求顾客立即选择购买推销品的一种成交方法。它是假定成交法的应用和发展。在假定成交的基础上,推销人员可以向顾客提供成交决策比较方案,先假定成交,后选择成交。

😊超市里的饼干很多,小李不知道要选哪一种。推销人员说:"如果你要吃咸的就选择苏打饼干,如果你要吃甜的就选择牛奶饼干。又咸又甜的就是苏打夹心饼干。"无论小李最后选择哪种味道的饼干,他买的都是饼干。推销员无疑是成功的。

此方法可以减轻顾客作购买决策的心理负担,在良好的气氛中成交。推销员从顾问的角度来帮助顾客,很容易让顾客接受。使用此方法时,推销员不能操之过急,以免顾客产生被人支配的感觉。

7)小点成交法

小点成交法也叫局部成交法,指推销员通过解决次要问题来促成交易实现的一种成交方法。小点成交法利用了顾客在处理较小问题时没有太大心理压力、比较果断、容易做出明确决策的心理活动规律,避免直接提出重大的、顾客比较敏感的成交问题。

😊"好像我要一次性将货款付清有点困难。"

"您不必着急,我可以帮您办理分期付款,可以减轻您的付款压力。"

小点成交法可以避免直接提出成交的敏感问题,减轻顾客成交的心理压力,有利于推销员促成销售,但又留有余地,较为灵活。运用此方法时,要根据顾客的购买意向,选择适当的小点,先小点后大点,循序渐进,促成交易。

8)从众成交法

从众成交法指推销员利用顾客的从众心理促使顾客立刻购买商品的方法。社会心理学研究表明,从众是一种普遍的社会心理现象。顾客在购买商品时,不仅要考虑自己的需要,受购买动机支配,还会顾及社会规范,服从社会某种压力,以大多数人的行为作为自己行为的参照物。

😊"王经理,这种静音空调目前在一些大公司非常流行,特别适合于大公司的办公室。几乎听不到噪声,操作方便、易学,又能增添办公室的豪华气派和现代感。与贵公司齐名的××公司、××公司等的办公室里都换了这种空调机,您看⋯⋯"

从心理学角度讲,顾客之间相互影响力和相互说服力,可能要大于推销人员的说服力,使得从众成交法具有心理优势。它的不足之处在于,如果遇到个性较强、喜欢表现自我的顾客,会起到相反作用。因此,这种方法只适用于大众心理较强的顾客。

9)最后机会法

最后机会法指推销人员通过提示最后成交机会促使顾客立即购买的一种成交方法。

😊"您看的这一款产品只有这一件了,还是昨天一个老顾客叫留着的,我看您很喜欢,就先给您吧,等他来了我会同他解释的。"

最后机会法利用人们怕失去能得到某种利益的心理,引起顾客对购买的注意力,减少许多推销劝说工作,在顾客心理上产生一种"机会效应",把他们成交时的心理压力变成成交动力,促使他们主动提出成交。须注意的是,使用最后机会法时,要讲究推销道德,实事求是,不能用欺骗的手段换取顾客信任,而要根据顾客的不同心理和购买动机,有针对地开展推销。

10)优惠成交法

这是推销人员通过向顾客提供一定优惠条件而促成交易的一种方法。

😊"购买××牌软件,我们将派专人到你们公司免费培训,免费安装调试到你们满意为止,保修两年,让你放心使用。"

优惠成交法向顾客提供优惠成交条件,有利于巩固和加深买卖双方的关系,对于较难推销的商品,能够起到促销作用。但它增加推销费用,减少收益,有时可能加深顾客的心理负担。

运用此种方法时,要针对顾客求利的心理动机,合理地使用优惠条件。因此,推销员要遵守有关政策和法律法规,遵守职业道德,用诚实守信的态度来促成交易,不能贪小利而忘大义而破坏企业和自己的形象。

【学习借鉴】

购买信号的分类

语言购买信号

1."听起来不错嘛!"

2."你的产品有什么特别的好处?"

3."我希望你能提供更多信息。"

4."你提出了一些好的想法。"

5."这会不会容易发生故障呢?"

6."你们是通过什么途径送货的?"

7."你们负责安装吗?"

8."可不可以分期付款?"

9."你们的保修期有多长?"

10."已经有多少企业受益于你的产品?"

非语言购买信号（包含行为信号、表情信号）

1.松弛下来,尤其是把手摊开。

2.身体向你的方向倾斜。

3.表现出愉快的神情。

4.点头,对你说的表示同意。向后退几步,并称赞你的产品。

5.把交叉的双腿放开。

6.重新审视样品。

7.拿起订货单。

8.眼睛闪闪发亮。

9.阅读说明书。

（资料来源:刘永中,金才兵.销售人员的十堂专业必修课[M].海口:南海出版公司,2004.）

8.3　做好成交的后续工作

8.3.1　及时收回货款

售出货物与回收货款,是商品销售的两方面,缺一不可。货款回收是成交后续工作中特别重要的工作。实际上,销售的本质就是将商品转化为货币,在这种转化中补偿销售成本,实现经营利润。因此,在售出货物后及时收回货款,就成为销售人员的一项重要工作任务。

1）货款回收准备

（1）在商品销售前调查顾客的信用

顾客的资信状况往往决定着货款回收的难易程度。调查顾客的信用,从企业的角度可分为两大类,一类是第三方调查,包括专门的资信调查机构、往来银行、同行和近邻关系等,这是一种有偿调查,企业要支付一定调查费用。另一类是企业自己调查,包括企业专门机构调查和推销人员调查。团队调查还须掌握团队负责人情况,包括社会地位、家庭背景、家庭成员、婚姻状况、个人爱好、不良嗜好等。

（2）选择、确定信用调查的时机与内容

信用调查的时机主要包括5种。

①交易价格、数量、金额、交货期限与付款方式、付款期限等交易条件变化时。

②面对不知底细的新顾客且对方不假思索地要求大量订货时。

③接收到顾客不善经营或顾客经营状况恶化时。

④发现老顾客一反常态大量订货或连续不断地订货时。

⑤顾客扩大经营范围开展多种经营时。

信用调查的主要内容如下：

①交易对方内部机构的调整和人员变动。

②进货对象变化情况,订货数量变化情况、库存积压情况等。

③对方财务状况,如付款方式变动、职工工资发放情况、与其交易的其他公司的情况等。

④对方负责人的生活态度变化,如生活奢华程度、对公司经营管理的敬业程度、人际关系网络等。

2）正确掌握和应用收款技术

①以价格优惠鼓励现金付款。

☺"我给您打5折,但必须付现金,好吗?"

②成交签约要有明确的付款日期,不要给对方留有余地。

☺"师傅,我们约定付款时间为2022年10月12日24时前,您看可以吗?"

③按合同规定或约定时间上门收款,按时前往,不能拖延,不能给对方推迟的借口。

☺"你怎么现在才来,现在老板刚走,你看怎么办?"

④争取顾客的理解和同情,求助于顾客的同情心,让顾客知道马上收回这笔货款的重要性。

☺"我已经3个月没拿到工资了,今天再拿不到钱,我连年终奖都要没了。"

⑤携带事先开好的发票、需要的票据、印章、印泥等,以免错失收款机会。

☺"经理,您看今天我把发票都带来了,您签个字吧。"

⑥如果确实无法按约收款,则及时与顾客约定下次收款的日期和金额,并认真记录,请顾客确认。

☺"师傅,你看我是不是下周一上午10点来拿那9 000块钱?"

⑦如果按时收到货款,要仔细清点现金,检查金额是否正确,查验是否有假币。认真看清楚支票的各项内容,填写是否清楚,印鉴是否清晰,不能丝毫大意。

这里介绍的只是一些常用收款技术。在实际工作中,推销人员需针对不同客户灵活机动,保持不卑不亢的收款态度,具备应变能力,采用不同方法收回货款。总之,无论采用何种技术,目的都是及时、全额地收回货款。

8.3.2　售后服务到位

售后服务就是企业和推销人员在商品售出后的商品使用、送货、安装、质量跟踪和信息反馈等一系列的服务工作。

在现代推销观念的指导下,许多经营者逐渐认识到,对于质量、价格基本相当的推销品来说,有热诚的售后服务,能为消费者提供多而好的服务,就能赢得顾客,占领市场。同时,企业还可以通过收集顾客使用商品的信息和顾客之间宣传争取到更多新顾客,开拓新市场。所以,售后服务是一种有效的促销手段。

1）提供包装和及时交货服务

商品包装是在商品售出后,根据顾客的要求,提供各种诸如普通包装、礼品包装、组合包装、整体包装等服务。

人靠衣裳，马靠鞍，商品靠包装。包装服务既为顾客提供了方便，便于携带，又是一种美化商品和宣传产品与企业的好方法。如在包装物上印上企业名称、地址及产品介绍，能起到很好的信息传播作用。需要注意的是，在重视环保和低碳消费的今天，包装材料要尽量选择环保材料，可以回收或多次使用，不要因为包装方便和美观造成大量浪费和污染。

这里讲的商品交货工作主要是零售商品的推销工作及推销员直接与顾客打交道的交货工作。面对面的推销活动结束后，推销员应及时将商品交到顾客手里，做到礼貌周到，小心递放，不要出错。对贵重商品的交货要提醒顾客注意安全，对购买笨重商品携带不方便的顾客要表示关心。如果商品需要送货服务，推销员应同顾客商量并询问顾客详细的通信方式和送货地址，以保证送货人员能按时按质将商品送到目的地并完成调试安装工作。

故事 1

1921 年 5 月，当香水创作师恩尼斯·鲍将他发明的多款香水呈现在香奈尔夫人面前让她选择时，香奈尔夫人毫不犹豫地选择了第 5 款，即现在誉满全球的香奈尔 5 号香水。然而，除了独特的香味外，真正让香奈尔 5 号香水成为"香水贵族中的贵族"的却是那个看起来不像香水瓶反而像药瓶的创意包装。服装设计师出身的香奈尔夫人，在设计香奈尔 5 号香水瓶型上别出心裁。"我的美学观点跟别人不同：别人唯恐不足地往上加，而我一项一项地减除"。简单的包装设计理念让香奈尔 5 号香水瓶在众多繁复华美的香水瓶中脱颖而出，成为最怪异、最另类也是最成功的一款造型。香奈尔 5 号以其宝石切割般形态的瓶盖、透明水晶的方形瓶身造型、简单明了的线条，成为一种新的美学观念，并迅速俘获了消费者。从此，香奈尔 5 号香水在全世界畅销 80 多年，至今仍然长盛不衰。

（资料来源：十大经典创意包装营销案例［J］．时代经贸（学术版），2010（1）：92-96.）

2) 提供送货和安装服务

在服务质量日渐提高的今天，企业送货服务工作越做越好。无论是对购买大件商品、大数量商品的顾客，还是对携带不便、有特殊困难的顾客，企业都会提供上门服务。一些商品在使用前需安装，推销员就会派专人上门提供免费安装服务，并对商品现场调试，对顾客简单地培训，既方便了顾客，又保证了商品的使用质量。送货、安装服务方便了顾客，同时，优化了企业形象。

故事 2

"我家阳台上安装抽油烟机的上方有个吊柜，我怕高度不够？如果不够的话，怎么办？"

"你安装抽油烟机的空间有多高？"

"好像一米三左右吧。"

"抽油烟机的高度是 35 厘米，加上要离煤气灶 60 厘米，加起来不到一米，可能有点紧张。这样吧，我们师傅去安装的时候他会帮你考虑，如果高度不够我们再想其他办法。"

3) 提供"三包"服务

"三包"服务指对售出的商品实行包修、包换、包退的服务。企业应根据不同商品的特点和条件,制订具体的"三包"方法,真正为顾客提供方便。"三包服务"的目的是保障顾客的利益,让顾客看到企业为顾客服务的诚意,降低顾客的购物风险,使顾客能放心地做出购买决策,实现真正意义上的双赢。有时包退、包换、包修的情况会大大刺激销售,赢得更多顾客,提高企业信誉。

故事 3

广州中天百货公司大胆提出了:"无论是何种原因,只要商品不曾使用,没有损坏,在售出一个月内,均可退货。"这样做使顾客感到在中天百货公司购物是有保障的,风险几乎为零。他们突破了传统意义上的只有质量有问题才退、换货的包退、包换服务,提高了"三包服务"境界,也给企业带来了意想不到的促销效应:少量的顾客退货却带来了成倍增长的销售额,广州中天百货的"三包服务"理念无疑是成功的。

4)建立售后服务网络

随着科技的发展和生产力的提高,同类产品在品质、性能上的差异越来越小,许多企业在建立常规顾客档案的同时,将服务做到了顾客家门口,做到了顾客家里,售后服务方式日益多样化,也日臻完美。

故事 4

德国著名的奔驰公司,拥有服务全国乃至世界的两张网。

第一张网是奔驰的推销服务网:任何一个顾客到奔驰公司推销处或推销人员那里,都能得到对任何一款汽车样式、性能、特点等信息的全面了解服务。同时,顾客还可以按照自己的不同需要和爱好,诸如车型、空间设备、音响设备、车体颜色、不同程度的保险等个性化的情况提出要求,奔驰公司都可以给予相应的满足。

第二张网是奔驰的维修网:奔驰公司在国内共设立1 000多个维修站,维修人员多达五六万人,在德国的公路上,平均不到25千米就有一个奔驰车的维修站。无论你的车在哪条路上出了故障,只要向就近的维修站打电话,维修站就会派人来帮你修理,或者将车拉到维修站修理。对一般修理项目,当天就能完成,不影响车主使用。而且,维修站的工作人员非常敬业,态度热情、技术娴熟、修车速度又快又好。

奔驰有了这两张网,销售有保障,企业形象佳是不言而喻的。

售后服务周到、便利,会使顾客放心购买,是销售工作的"后方"。推销人员在促成商品交易后,各种形式的售后服务通常都由生产厂家和经营企业提供。因此,推销人员不能有只要把商品卖出去就行了的思想,对售后服务漠不关心,而是要作为一个产品和企业形象的窗口尽职尽责地为企业提供顾客对售后服务的反馈和要求,向顾客宣传企业售后服务举措和优势,树立企业优质服务形象。

8.3.3　保持良好的顾客关系

推销成交后,能否保持和是否重视与顾客的联系,是推销活动能否持续发展的关键,是巩固和提高自己推销业绩的重要途径。因此,推销人员将商品推销出去后,要与顾客保持良好的关系,将老顾客发展成为回头客和义务推销员,在继续保持与老顾客联系的基础上发展新顾客,顾客才会越来越多,推销业绩才会不断提高。

1)掌握顾客资料并与之保持联系

顾客资料卡是企业了解市场、推销人员联系顾客的重要工具之一。一方面,企业可以通过顾客资料档案了解顾客具体情况,分析顾客需求,制订新的销售策略和开拓新产品。另一方面,推销员可以根据顾客资料,在特殊日子里如节日等将你的关心或产品服务信息告知顾客,保持与顾客的联系。

2)与顾客保持联系的方法

推销人员应积极主动、经常深入到顾客之中,加强彼此间的联系。推销员要将与顾客联系当成日常工作来完成。

①通过微信、电话、走访和面谈等形式,加强与顾客的联系。采用微信、电话、走访和面谈等形式与顾客联系,既可以与顾客加深感情,又可以询问顾客对企业产品的使用情况,使用产品后的感受,对服务是否满意,对产品或服务还有什么意见和建议等。

②通过售后服务、上门维修的方式,加强与顾客的联系(见本任务第二节内容)。

③推销人员可以利用企业的一些重大日子,邀请顾客参加或寄送资料来加深与顾客的联系。如企业周年庆典、企业公益活动、节日促销、新产品推介、新厂房落成典礼、新生产流水线投产、产品获奖、企业获奖等时机,让顾客感受到推销员对自己的重视,加深彼此间的友谊和感情。

就现代推销活动而言,与顾客的关系离不开"诚信"二字,无论是企业还是推销员都要对顾客保持诚恳诚实之态,保持信用信誉之心,只有这样,才能赢得顾客,赢得市场和业绩,继续在未来的推销活动中,显示出独特的魅力。

【做一做】

一、案例阅读分析

成立于 1995 年 3 月的胖东来商贸集团公司(以下简称"胖东来"),经过 20 多年的发展,已由 4 名下岗职工创立的 40 多平方米的"胖子店",发展为河南商界有知名度、美誉度的商业零售巨头,"胖东来"旗下涵盖专业百货、电器、超市。胖东来百货在许昌、新乡等城市拥有30 多家连锁店、7 000 多名员工。胖东来公司将"努力在每一个环节上,让每位顾客满意"提升为胖东来员工的责任和使命,更是将"让客户满意"上升为胖东来员工自身精神价值和自我价值的体现。

胖东来公司提供的各项优质服务、免费服务,真切实在。许昌县某顾客到处买不到为母亲配药需要的 4 两荞麦面,路过胖东来量贩时,他抱着试试看的心态进去问问,一问也没有。胖东来员工及时留下其购物需求和联系电话。第二天晚上胖东来员工便把 4 斤免费荞麦面送上门来。当其他同行忙于扩张布点的时候,"胖东来"斥资数百万,对本身功能最全、规模最大、环境设施最完善、服务体系最健全的许昌生活广场卖场布局进行大面积调整和完善,极力迎合不同消费阶层的习惯和需求。和悦的待客之道,丰富的商品品种,超低的价格,令人信赖的商品质量,赢得了顾客的信任和满意。

（资料来源:周保海.民营企业文化的发展方向研究:关于胖东来企业文化的启示[J].焦作大学学报,2021,35（3）:59-61.）

🐸思考 案例中选择的是哪种成交方法？请你谈谈体会。

二、实践训练

[目的]

通过课堂实训,运用促成交易方法的具体实践。

[内容]

利用课堂模拟学习以巩固对促成交易方法的学习与实践。

[参与人员要求]

1. 每2名学生组成表演小组,分别扮演推销人员与顾客。

2. 每小组学生采用角色互换方式模拟促成交易的方法。

[实训过程要求]

1. 任课老师提交案例资料,组织学生学习、讨论。

2. 学生通过阅读案例,扮演顾客的学生通过向扮演推销员的学生提交成交信号,让扮演推销员的学生有针对性地采用不同的成交方法与之沟通。

3. 每组学生角色互换一次。

4. 教师对表演活动进行现场指导和点评,学生可就扮演的角色谈体会。

[认识和体会]

通过对促成交易方法和技巧的学习与实践,培养学生运用促成交易策略和方法的知识巩固促成交易的实践能力,使学生认识到在何种情况下应用何种方法来促成交易的重要性,鼓励学生积极参与实践,为将来工作实践打下坚实的基础。

【任务回顾】

通过本任务的学习,我们知道一个好的推销员应了解并熟悉促成交易的含义和内容,理解并掌握成交的基本策略和方法。通过模拟训练成交方法,使学生对灵活使用所学的基本技巧来促成交易有了感性认识,增强了在实际工作提高促成交易,做好后续服务工作的信心。

【名词速查】

1. 促成交易。促成交易是指顾客接受推销员的推销介绍和建议,实施实际购买行动,完成商品交易的过程。促成交易是整个推销工作的最终目标,是整个推销活动的核心。

2. 促成交易的方法与技巧。促成交易的方法与技巧主要有主动请求法、自然期待法、配角赞同法、假定成交法、选择成交法、小点成交法、从众成交法、最后成交法和优惠成交法。

【任务检测】

一、单选题

1.整个推销工作的最终目标是(　　　)。
　　A.寻找顾客　　　　B.推销接近　　　　C.推销洽谈　　　　D.促成交易
2.在推销过程中,如果顾客主动询问交货时间等事项,这是(　　　)。
　　A.语言信号　　　　B.行为信号　　　　C.表情信号　　　　D.姿态信号
3.最常用也是最简单有效的成交方法的是(　　　)成交法。
　　A.主动　　　　　　B.配角　　　　　　C.假定　　　　　　D.选择
4.成交后的服务有个很重要的三包服务,是指包修、包换和(　　　)。
　　A.包送　　　　　　B.包装　　　　　　C.包退　　　　　　D.包培训

二、判断题

1.达成交易是推销工作成功与否的标志。　　　　　　　　　　　　　　(　　)
2.推销员通过与顾客接触达成交易,整个销售工作就告以终结。　　　　(　　)
3.顾客是购买者,因此推销员本身对成交没有影响作用。　　　　　　　(　　)
4.包装商品时,应该尽量避免让顾客自己包装商品。　　　　　　　　　(　　)

三、思考题

1.促成交易我们要做哪些工作?
2.成交的基本策略有哪些?
3.推销员应该掌握哪些收款技术?
4.如何恰到好处地做好售后服务工作?

任务8　任务检测
参考答案

任务 9
推销员管理

你想做好推销员工作吗？怎样做一个合格的推销员？本任务将带领大家认识推销员管理，体会推销员的自我管理。

教学目标

1. 了解推销员的招聘程序和培训要点。

2. 把握推销员的管理。

3. 认识激励的概念，理解激励的基本内容。

4. 感悟和体会推销员的自我管理。

学时建议

1. 知识学习 4 课时。

2. 实践性学习、讨论 4 课时。

3. 现场观察学习 6 课时（业余自主学习）。

【导学案例】

一天,一个喜欢冒险的小男孩爬到父亲养鸡场附近的一座山上,他发现了一个鹰巢并从鹰巢里拿了一只鹰蛋,之后把它放在母鸡窝里与鸡蛋一起孵化。小鹰出生后,与小鸡一起长大,一直过着鸡一样的生活。

在小鹰成长的过程中,它的内心就有了一种奇特的不安。它不时地想:"我一定不是一只鸡!"直到有一天,一只苍劲的老鹰翱翔在养鸡场的上空,小鹰感到自己的双翼有一种奇特的力量。它抬头看老鹰的时候,一种想法出现在心中:"养鸡场不是我待的地方,我要飞上青天,栖息在山岩之上。"虽从未飞过,但是它的心里有着无穷力量。它展开双翅,飞到了一座矮山顶上,在极为兴奋之下,它又飞到更高的山顶上,飞到了高山的顶峰,最后冲上了蓝天。终于,它发现了自己的伟大。

(资料来源:丁惠中,等.认识你自己[M].北京:华文出版社,2005.)

提示 认识自己,从自身条件的实际出发,发现自己,实现职业目标。

【学一学】

9.1 推销员的招聘与培训

9.1.1 推销员的招聘

如果一家公司要招聘推销员,你会应聘吗?

如果同是一家公司招聘推销员,打出的广告却是"招聘美容顾问",你会应聘吗?

大多数人愿意选择后者,那么,对于想招聘推销员的公司而言,我们就应该考虑招聘吸引力等问题,把推销员的招聘工作做好。

1)推销人员的招聘

(1)内部招聘

一个公司招聘推销员,可从公司内部和外部进行招聘。公司内部选拔推销员,可通过自我推荐或部门推荐,通过必要的笔试、面试,加上该员工的职业道德水平、人际交往能力、性格、工作表现等因素来进行综合考核,最后决定是否聘任该员工担任推销员的工作。公司内部招聘推销员的优势是,这些员工对企业的生产经营情况和产品情况很了解,有利于将公司的产品和服务推荐给顾客,起到促进销售的作用。

(2)外部招聘

当企业的经营规模扩大后,内部招聘推销员已满足不了公司的推销工作需要,就可以向社会公开招聘。对外招聘推销员,是一条行之有效的方法,可以广泛吸纳具有推销潜能的人才为企业工作服务。

2）推销员的招聘条件

推销员被公认为最有挑战的职业之一,常常代表企业形象,是企业的火车头,再加上推销员常常是独当一面,因此推销员的招聘不能草率行事,而是要根据企业和产品特点,招聘适合企业发展的推销员来为产品销售服务。一般情况下,企业对推销员的招聘条件如下。

①具有中等职业学校或高中以上学历,具备一定的产品知识和服务知识,以及一定专业技能和水平。

②具有从事推销工作和产品销售的经验和能力,熟悉企业经营、办公自动化管理的技能。

③性格外向,善于与人交流沟通,表达能力强,仪容仪态自然大方,身体健康,精力充沛。

④具有较强的职业道德意识,团队意识,与人合作意识,值得信赖。

3）推销员招聘的考核方法

（1）书面考核

推销员的书面考核内容可涉及现代营销、商品学、心理学、广告学、社会学等方面的知识技能。题目可由封闭式问答(判断、单选、多选)和开放式问答两部分构成。封闭式问答着重于基本知识和基本技能的回答。开放式问答主要考核应聘者的应变能力,"情商"情况,甚至是"逆商"情况。

知识链接

逆商指"逆境情商"即 Adversity Quotient（AQ）,指人们面对逆境时的处理能力。根据 AQ 专家保罗·史托兹博士的研究,低 AQ 的人遇到困境时,会感到沮丧、迷失,处处抱怨,逃避挑战并缺乏创意,而高 AQ 的人则以弹性面对逆境,积极乐观地接受困难的挑战,发挥创意并找出解决方案。

美国的《成功》杂志每年都会报道当年最伟大的东山再起者和创业者,他们的传奇经历中有一个相同部分,就是在遇到强大困难和逆境时始终保持乐观的心态,从不轻言放弃。

（2）面试考核

传统的面试方法可通过观察应聘者的外观形象、举止眼神和与人沟通的能力,性格的活泼、外向,自然大方的举止,亲切流利的口才都可以作为考察受聘者的条件。当然,有的其貌不扬,说话不流利的人,只要有恒心与毅力,善于学习经验,也能成为很好的推销员。因此,在面试中,考核人员应该在传统面试的基础上加入一些符合现代人特点的内容,才可以了解和招聘到优秀的推销人员。

（3）情境测试

这是一种考察应聘者处理问题和应变能力的方法。考核时,可由应聘者自编推销情景进行模拟表演,面试官通过观察表演来达到考核目的。也可以现场出模拟环境考题,由应聘者进行表演和测试。情境测试的内容可模拟商场推销、街头推销、上门推销、电话推销等情境。这样的测试可以查看应聘者的沟通协调能力,团队合作态度及人格魅力等。在表演中表现积极热心的人,对待工作也会积极主动;相反,则很难成为一名优秀的推销人员。

9.1.2 推销员的培训

推销员的培训工作是所有企业提高推销人员队伍素质的主要途径。一方面,原有的推销人员需要对企业的新理念、营销计划、新产品等方面的知识进行学习、更新,提高业务素质。另一方面,对新选拔的推销人员要进行系统的企业理念和相关知识的学习,才能胜任推销工作。

推销人员的培训可根据企业营销管理的需要来拟定相应的培训目标和计划,可以是定期或不定期的。因此,拟订培训计划,就要明确培训的目标、时间、地点、方式、内容等。

1)培训目标

培训目标包括:对企业的认知和信任,产品知识、推销员的责任和职业道德,工作态度、心理素质,竞争对手情况等。培训的最终目标是提高推销人员业务和心理素质,服务企业,提高销售水平。

2)培训时间

企业可根据培训内容来确定时间长短。例如,在市场竞争激烈时,可进行较长时间的培训,而常规培训,时间则可以略短。

3)培训方式

对推销人员的培训可采用集中培训、个别培训、小组培训、定期培训等方式。如集中培训可开展专题讲座,情景角色,模拟训练等。个别培训可通过在职业务学习,个别谈话,发放学习资料等。小组培训可利用销售区域人员的便利性,组合小组开展培训工作。定期培训可利用期末总结会或季末总结会进行学习、培训。

4)培训内容

推销培训的内容可根据工作需要及受训对象的情况而定。总的来说,推销培训的内容包括以下几方面。

①企业历史、经营状况、目标、主要产品销售及管理情况、管理制度等。

②销售的产品知识、签订合同知识、市场营销知识、运输知识、交往沟通礼仪知识、竞争对手状况和分析。

③对推销人员开展增强自信,抗击挫折的培训,也可以通过拓展训练,减压游戏,心理测试咨询等来实现抗挫、减压。定期不定期地召开优秀推销员的经验交流和专题报告等。开展这些活动的目的,是要培养推销员良好的心理素质,鼓励推销员增强信心,耐心地做好工作。

④推销员是推销工作的窗口,企业应该根据工作的需要对推销员进行仪容仪表、社交礼仪、沟通技巧、促进成交等方面的训练与培训。这些技巧的学习和训练,可以优化推销员在推销工作中的第一印象,给顾客留下亲切、自然、大方、亲和的印象,有利于促进双方的交流,提高推销员与人沟通交流、联络感情,增进信赖的能力。

9.2 推销员的管理与激励

有一项性格测试题是这样的:"你经常都需要朋友理解你,鼓励你吗?"很多人的回答都是"是"。尤其对黏液质、抑郁质气质的人来说,选择的答案大抵如此。推销职业需要经常与人沟通交流,心理承受力要强,需要别人和自己的激励,才能更好地做好推销工作。

9.2.1 推销员的管理

推销人员作为促进和扩大销售的主体,在推销工作中起着重要作用。要将产品成功地推销给顾客,就需要对推销员工作进行管理。推销员的管理涉及推销员的选拔、培养、使用和规范等方面,激励、引导推销员积极工作,不断磨砺自己的意志,培养与顾客沟通交流的技巧,实现顺利推销产品,扩大市场占有率的目的。

1)对推销管理的理解

管理是对人员、财物、信息、技术、时间等资源进行合理安排整合,充分挖掘它们的潜力,以达到利润最大化的所有活动的总和。对当代推销活动来说,推销工作的计划、组织、领导、协调、控制和激励,以及充分把握推销的时机,发挥推销人员的技能、技艺,就构成了推销管理的内容。

2)在推销活动中实施人本管理

(1)对人本管理的理解

"人本"是"以人为本"的简称。人本管理是确立人在管理过程中的主导地位,围绕调动企业人的主动性、积极性和创造性去开展的一项管理活动。也就是说,企业在了解和尊重推销员的基础上,充分发挥推销员的主动性和积极性,实现管理的目标。这里的"以人为本",一方面是以顾客为本,以满足顾客需要为原则。另一方面是以推销员为本,将推销员视为企业的重要资源,尊重他们的价值,重视对他们的精神和物质鼓励,不断提高推销员素质,以推销员全心全意为顾客和企业服务为管理核心,增强企业凝聚力,使推销活动充满活力与生机。

(2)在推销活动中实施"人本"管理

①尊重:推销员的工作直接关系到企业产品的销售业绩。作为管理者应将尊重推销员的人格和价值观放在重要的位置,不能高高在上,只会发布命令和安排工作。管理者只有与推销员平等沟通,真诚地关心员工的生活和工作,耐心地听取推销员对工作的意见和看法,才能达到互相尊重的目的。另外,推销员多来自五湖四海,有不同的经历、背景和生活环境,要尊重每位员工的价值观,承认员工的工作成绩,鼓励员工自我发展,给予员工发展的机会,有效激励。

②关心:推销员所需要的关心离不开工作与生活两个方面。在工作方面,推销员希望有一个良好的工作环境与和谐相处的同事关系,希望领导在指导推销员做好工作的同时,能关心工作环境的改善,肯定他们所取得的工作成绩,激励他们向上的自信心,多给他们提供晋升的机会。在生活方面,推销员希望领导关心他们的日常生活,关心他们的健康,能公平公

正地对待每一位推销员。当领导给予推销员关心时,他们会时刻牢记领导的关心和照顾,在工作中以辛勤认真的态度来回报,以充足的热情干好工作。

③激励:企业应制定科学合理的激励制度,并在执行过程中,公平、合理地对待每一位推销员,充分肯定他们的工作业绩,及时表扬和兑现对他们的奖励,才能有效提升推销员的工作热情。

④沟通:每个推销员都希望在一个和谐的环境里工作,良好的人文环境,有利于上下级的沟通。在这样的环境里工作,心情舒畅,工作积极性高,推销员与顾客间的沟通也就相应得到提高。当然,沟通要建立在企业合理的管理和沟通制度上,如果上级实行的是管、卡、压的制度,推销员就缺乏向企业发展献计献策的积极性,不可能向企业决策者提供合理化的建议。企业领导只有真正将推销员视为企业的主人,沟通才是有效的,推销员也才能真心实意地为企业发展出谋划策,视企业发展进步为己任。

9.2.2　推销员的激励

1)对激励的理解

通常意义上的激励是指调动员工的积极性,促进员工保持工作热情的手段。

美国心理学家对按时计酬职工进行调查后发现,员工一般只要发挥20%～30%的优势能力就可以保住饭碗,企业如果给予充分激励的话,员工的能力和工作热情可以发挥出80%～90%。推销工作是需要推销员保持较高热情的工作,企业将激励工作做好了,将对激发推销员工作潜质发挥重要的作用。

2)激励的重要作用

①可以充分发挥和调动推销员的主动性、创造性和工作热情,提高推销员的工作效率和有效性,鼓舞推销员的士气,挖掘推销员的工作潜力。

②通过物质和精神方面的激励,可以促进企业内部工作环境和谐,促进推销员与企业、推销员之间的沟通交流,提高企业的向心力和凝聚力,形成对企业理念的共识,使企业内部环境更加和谐,促进企业全面发展。

③合理有效的激励方式,可以广泛吸纳有才能的推销员,增强推销员队伍建设,扩大企业的知名度。

④合理有效的精神和物质激励可以缓解推销员在工作中遭受的挫折、自信心受到的伤害等心理压力问题,使推销员感受到来自企业的关心和理解,不断调整因工作性质所产生的孤独感和不自信等心理问题,采用合理有效的精神和物质方式激励推销员克服困难,保持工作信心,激发他们的工作热情。

知识链接

在北京朝阳区的一家减压馆内,人们可以穿上防护衣,戴上头盔和手套,手持一根棒球棍,挥起手臂朝油桶上的玻璃瓶砸去。在另一间名为"尖叫屋"的房间内,人们可以对着机器呐喊,挑战分贝极限……减压馆是个舶来品,它的前身可以追溯到2008年全球金融危机期间引发关注的"发泄屋"。"发泄屋"为人们提供私密的空间和能够打砸的物品,通过收取费用,从而赚取收益。除了酒瓶、碗碟这些常见的打砸物件,"发泄屋"还提供假人模特、老式电视机、DVD、电饭煲、键盘、打印机等"古董物件"。减压馆的火速出圈,帮助那些压力大、有需求的人们缓解压力、释放负面情绪,也是一种另类的激励方式。

（资料来源：臧梦璐. 减压馆：宣泄情绪成时尚消费［J］. 光彩,2022（2）：31.）

3）激励的原则

（1）公平、合理原则

公平、合理原则指企业所制定的激励制度和奖励标准必须公平、合理。奖励时必须考虑合理的奖励标准,对推销员所能实现的目标做统一规定,标准过高或过低,都会影响推销员的工作积极性,只有合理、公平的奖励标准,才能真正激发推销员的工作热情。

（2）公开、公正原则

现在很多企业奖励员工都采用了公示制度,这是社会发展进步的体现。企业公平、合理的激励制度和奖励标准,只有在推销员知晓和明确的基础上才能发挥功效。因此,向推销员公开企业的奖励制度和标准,推销员才会目标明确,奋斗才有方向。

（3）及时兑现原则

对推销员的奖励工作应严格按奖励制度规定及时兑现,这样才能达到激励推销员的目的。如果企业没有及时做到奖励,就会影响推销员的工作热情,挫伤其工作积极性。

4）激励的内容

（1）目标激励

目标管理在企业管理中居于重要地位,运用在推销员管理中,可以为推销员设定工作目标,如销售数量、访问顾客数量、新增顾客数量等。这些目标的制订,可以使推销员明确自己的工作方向,从而提高工作效率。

（2）强化激励

给予完成任务的推销员物质和精神方面的肯定和奖励,这是正强化,反之,给予未完成任务或在工作中出现消极倦怠的推销员一定的惩戒,这是负强化。只有奖惩分明,才能使推销员明确工作方向,促进推销员保持积极态度并不断努力工作,完成工作目标。

（3）角色激励

任何一个推销员队伍,都有不同的特点和能力,针对不同推销员的能力来明确其角色责任,这是"人本"管理的一种体现。从某种程度上讲,角色激励就是责任激励,让其明确自己的工作责任,并努力完成这份工作,这是管理者和每个推销员都必须明确的一种激励意识。

（4）关心激励

关心激励可以通过对推销员利益和情感两个方面的关心来实现激励目标。对推销员利益关心,应体现在及时发放奖金,及时兑现职工福利等方面,使推销员无后顾之忧,倾心投入工作。对推销员情感关心,要做到经常性和及时性,企业领导与推销员应定期或不定期与他们沟通,了解并解决他们工作、生活中的困难,关心推销员的工作现状和发展。许多优秀企业不仅把推销员本人的工作和生活列入关心激励的范畴,甚至将其家庭也视为激励对象,如有的企业领导在奖励员工时,也给他们的夫人披上大红花,使他们家人也感受到企业对其丈夫的肯定,积极支持他们工作。

(5)环境激励

对推销员进行"人本"管理的又一体现。推销员的工作性质容易造成孤独感,工作压力大,工作时间机动,常年工作在外,加上竞争加剧,还会造成推销员的挫败感,严重时还会使其产生对工作的厌倦。因此,管理者应努力为推销员营造一个人际关系和谐、团结友爱、有团队凝聚力的工作环境,通过定期或不定期的推销员培训、交流座谈、文体比赛、聚餐、郊游等方式来促进企业环境的和谐,更好地激励推销员为企业服务。

9.3 推销员的自我管理

9.3.1 目标管理

1)工作目标管理

推销员在工作中应将公司目标进行分解,制订出自己的销售目标。如每季度、每年度要完成的销售额;拜访潜在顾客有多少;现有顾客随访情况如何;顾客信息的收集整理是否做到规范有序;每月、每季、每年应向公司汇报的业绩报告的提交等。推销员只有将以上目标细化成具体方案并逐一完成,才会体验到成功的喜悦。

2)自我发展管理

故事1

邰勇夫,1986年开始从事营销工作,从内地到沿海,再到香港的跨国集团,推销产品不计其数。邰勇夫成长在东北长白山下,大学毕业后曾被遗忘在北大荒上,后来南下湘江之滨,成为湖南株洲一家国有大厂年轻有为的工程师,有了一个温馨幸福的小家庭,妻子美丽、女儿可爱。1986年国企转型变轨,他踏上了推销路,在常年漂泊、四海为家的生命旅途中历尽坎坷。从湖南的国营大厂到广东顺德的乡镇企业,从珠三角的手工作坊到香港的跨国集团,他取得过辉煌成绩:为顺德一家乡镇企业推销小家电,一次性推销了8 000台微波炉、8 000台消毒碗柜,整整装了16个火车厢,创造了顺德小家电销售史上的奇迹。然而,他却被莫名解雇了。在一家港资企业,邰勇夫用自己辉煌的业绩赢得了年薪68万元的市场推广部经理一职,可当他第一次出差归来,满怀热情准备实施他的推广方案时,企业却像海市蜃楼一样消失了。就这样,邰勇夫换了一家又一家企业,推销的产品五花八门,不计其数。15年的推销生涯,他走遍千山万水,访遍千家万户,尝尽千辛万苦,想尽千方百计,历经人生坎坷,创造了一个又一个推销神话。2001年,他开始推销自己,把做推销员行万里艰辛路的人生故事写成了一部小书,被160多家中外媒体连载或选载,他因此被誉为"中国最伟大的推销员"。

(资料来源:雷传桃.风雨坎坷路,走来"中国最伟大的推销员"[J].公关世界,2004(8):27-29.)

提示 从以上故事我们可以看出,推销员的自我管理是从"认识自己"开始的。

（1）认识自我

如果你选择了做推销员,就得根据这个职业的特点来权衡自己从事这一职业的利弊,了解自己的不足和缺陷。比如,有人认为自己口才很好,做推销员应该没问题,但从事一年推销工作后,吃了许多闭门羹,自信心受到了打击,没有毅力坚持做好推销工作,频繁跳槽失去了自我发展机会。实际上,这位推销员具备了从事推销工作的基本素质:口才好,善于与人沟通交往,对工作热情,但性格急躁,在工作中缺乏足够的耐心与毅力。因此,我们说认识自我和实现自我都需要坚强的毅力,只有充分认识自己的优势和不足,从培养毅力开始,通过具体而实际的日常工作磨砺,不断总结经验,才能提升自己的工作能力,达到认识自我的目的。

（2）提升工作技能

推销是一项与人打交道的工作,它需要推销员具备产品销售知识、产品占有率、竞争对手状况、面对不同顾客采用不同的推销方法等;需要推销员具备文字处理能力,在签订合同中灵活应变,拥有促进销售的方法和技巧等;需要推销员在与顾客交流中能用有声语言和无声语言表达或理解顾客;能客观地根据顾客提出的要求,调整方案和推销思路;具备自我学习和自我情绪管理能力,具备不断创新,有自我进步和发展的意识等。推销员只有将提高自己工作技能作为自我发展的重要途径,将学习和不断总结业务知识、推销技能和技巧作为日常工作的一部分,将推销前辈作为榜样,接纳好人缘,塑造好品质,才能在推销领域里找到自己的职业位置,适应社会发展需要,到达成功的彼岸。

3）制订实施方案

认识自我,坚持不懈地做好推销工作,是推销员实现自我管理的关键,而这一关键的具体实施,得益于推销员在工作过程中将目标细化成具体的行为方案。

【学习借鉴】

"优秀的推销员不单纯靠说话,还要利用各种推销工具。"这句话成为丰田系统推销员的一个"不可动摇的原则。"

促进推销用的小工具大体可分两种:一是丰田汽车销售公司专为推销员制造的,二是推销员本人按照自己的意图制造的。

丰田汽车销售公司制成后送交特约经销店的工具有:样品目录,彩色样本,以及直接邮寄的新车展览会招待券之类,还有宣传杂志《汽车时代》《汽车世界》等;印有商标、标语赠送顾客的礼品等。

除以上这些一般宣传品外,丰田汽车销售公司还为推销员印制了以下印刷品。

1.《各种型号汽车推销手册》(为使推销员对新型汽车具有丰富的商品知识而编写的说明书)。

2.《新型牌号汽车说明书》(关于新型牌号的详细技术说明书)。

3.《修理说明书》(为技术人员编写的各型汽车的修理说明书)。

4.《推销工作快报》(提高汽车行业的动态,新型车的最新消息)。

5.《推销工作报》(与全国汽车推销都有关的报纸)。

6.《推销工作报告》(访问计划表、活动日报、计划、记录、报告文件等)。

7.《一周工作计划成绩表》(以计划为中心内容的工作计划与实际销车成绩相对比的工作表)。

8.《P,0卡片》(兼作希望购买汽车的顾客及车主的卡片)。

9.《推销员笔记本》(填写重要事项、用户意见、代办事项、计划等)。

从这些印刷品可以看出,丰田公司考虑得很周到,可使推销员按照严密计划来工作。

另外,推销员需要准备好编写、绘制的东西,有以下几项。

1. 名片(印好3种:正式用的,接触顾客时用的,对方不在家时用的)。

2. 汽车价目表(除印有本公司出售的全部汽车价目表外,还备有其他汽车公司的价目表)。

3. 推销信(访问后的谢函等,通过自己的亲笔信,给顾客留下良好印象,使他感到这封信与印的不同)。

4. 试乘的样品车(请顾客试乘汽车,以便吸引顾客)。

5. 买主名单一览表(让买家看看实际使用丰田汽车的顾客名单,起到加强说服对方购买的作用)。

6. 各种汽车比较表(整理好本公司和外厂的最新资料)。

7. 统计资料和图表(将生产辆数,推销辆数,出口辆数,市场占有率及各县、市、郡进货辆数等,有利于推销资料加以收集并制成图表)。

8. 照片(交货时拍照的汽车和买主家属的照片等。如果卖的是卡车,这种照片可做展览样品)。

9. 介绍信。

10. 报纸剪贴(刊载在一流报纸、杂志上的有关汽车消息可提高买主对公司的信赖)。

11. 小礼品(答谢、慰问、道歉时用。时机和热忱比金钱更重要)。

12. 订购单(接受订购车辆时使用)。

13. 幻灯片(商品说明。自己拍制的关于介绍本公司情况的幻灯片)。

14. 宣传杂志(自己推销店编制的)。

此外,推销员还需要的用品有:合同单、登记表格、笔记用具、备忘用具、印鉴、印泥、地图、卷尺、照相机、打火机等。

(资料来源:张继增,徐明,杨学涵.国外企业管理200例[M].沈阳:辽宁人民出版社,1985.)

从丰田公司推销工具的运用中,我们不难发现,一个优秀的推销员将目标细化成方案后所获得的推销效果是显而易见的。

4)评价工作效果

从推销员根据企业要求设定自我管理目标开始,就要经常将实际工作成绩与工作目标相比较,评价目标实现的具体效果,总结成功经验。同时也要评价尚未实现的目标,是客观原因造成还是主观原因造成;是目标设立太高还是自己努力不够。从管理学角度讲,目标和计划的制订,在组织实施工作中,可调整那些不合实际的目标,包括那些经过主观努力但很难实现的目标。因此,推销员可根据自己在实施过程中出现的主、客观情况,对工作目标进行调整,通过记录顾客信息、业绩统计表格等反馈来控制后勤工作目标,与公司要求或同事们的工作成绩相比较,才能在工作效果评价中做到客观认识自己的工作成绩与不足,切实将自我管理落到实处。

9.3.2　推销员自我管理的内容

智慧女神雅典娜神庙上刻着唯一一句话:"认识你自己。"千百年来,这一直是古人提醒世人的最伟大建议。推销员在认识自己的心路历程中,只有认清自己的能力,明确对自己的管理内容,学会自我管理,不断克服工作中的不足及情感缺陷,并使用较合理的方法来帮助和完善自己,才能在推销工作中提炼经验,使自己不断进步和成长。

1)个人目标管理

😊你想将在工作 5 年内买一辆汽车作为奋斗目标,但这样的目标太含糊了。因为买一辆 5 万元的汽车和买一辆 20 万元的汽车完全是两回事。如果你将目标具体设定为工作 5 年后要买一辆价格在 5 万~10 万元的汽车的话,你就会清晰地知道自己要什么,为什么要,需要多长时间。

推销员个人目标设定要明确,要切合自身实际,通过自己努力能够实现。

推销员做好推销工作需要明确的目标有:在实现目标过程中需要学习哪些知识和技能;对实现目标有帮助的人和团体及榜样是谁,向他们学习哪些经验;每年要做些什么;如何制订实现目标的具体计划和切实可行的方案;在遇到困难和挫折时应如何调整自己的情绪和心态;如何不断增强实现目标的信念等。有了这样的具体目标就会刺激你想出实现目标的方式方法来。目标一旦确定,就要随时提醒自己,将目标作为促进自己努力工作、激发自己工作热情的动力和源泉。

故事 2

乔·吉拉德,原名约瑟夫·萨缪尔·吉拉德(Joseph Sam Girardi),是美国著名的推销员。他是吉尼斯世界纪录大全认可的世界上最成功的推销员,从 1963 年至 1978 年共推销出 13 001 辆雪佛兰汽车,连续 12 年荣登吉尼斯世界纪录大全世界销售第一的宝座,他所保持的连续 12 年平均每天销售 6 辆车的世界汽车销售纪录,无人能破。乔·吉拉德很有耐性,绝不放弃任何一个机会。或许客户 5 年后才需要买车,或许客户 2 年后才需要送车给大学毕业的孩子当礼物;没关系,不管等多久,乔·吉拉德都会三不五时地打电话追踪客户,一年 12 个月不间断地寄出不同花样设计、上面永远印有"I like you!"的卡片给所有客户,最高纪录曾每月寄出 16 000 张卡片。乔·吉拉德生于贫穷,长于苦难,但他自强不息,在父亲辱骂他一事无成时下定决心要证明父亲错了,树立了坚定的销售目标并且不懈奋斗,对待顾客坚持诚信,恪守公平原则;不墨守成规,不断创新自己的方法,超越自我。

2)个人财务管理

【学习借鉴】

罗伯特在《穷爸爸富爸爸》一书中通过对比穷爸爸、富爸爸在理财观念与结果的差异上,给了我们一种强烈的震撼。

1.学习意识

穷爸爸认为,努力学习得到好成绩,就能找到高薪并得到有很多好处的职位;富爸爸认为,努力学习去发现并收购好公司。

2.风险意识

穷爸爸认为,挣钱的时候要小心,别去冒险;富爸爸认为,不要怕风险并学会风险管理。

3.管理意识

穷爸爸教孩子如何写简历找份好工作;富爸爸教孩子制订雄心勃勃的事业规划和财务计划。

4.金钱意识

穷爸爸说:我对金钱不感兴趣,不准在桌上谈论钱;富爸爸则坦诚地告诉孩子,金钱就是力量。

5.理财意识

穷爸爸主张努力存钱;富爸爸主张不断投资。

思考 你从《穷爸爸富爸爸》的理财观念中得到什么启示?

财务管理不仅是个人理财概念,更是推销员全新的金钱思想。推销员要树立"赚钱后要用钱为我工作"的思路,了解金钱运动规律并为自己服务。每一个销售目标的实现,都离不开资金的投资与回报,搞清楚你的财务状况,销售初期你的收入如何分配,开支有哪些项目。随着推销能力的增长,你的收入将有所提高,同时开支也会相应改变。一方面,随着收入变化,销售目标调整,业务的广泛开展也随之而来,你的工作业绩也会逐渐得到公司领导认可。另一方面,你也可以通过展示推销业绩来获得公司领导的支持和帮助。因此,推销员在个人财务管理中,一定要本着一切为实现销售目标的宗旨,制订可行的财务计划,将收入、支出情况理清楚,从个人收入、顾客沟通和事业发展3个方面来开展财务管理,不去虚荣地攀比,理性地本着"钱为我的工作服务,工作为我带来更大财富"的心态,定能做好财务管理,提高自己的理财水平与能力。

3)个人时间管理

故事3

格里在时间管理风格上最重要的特点之一,就是需要有时间观念,即他所说的"时间的紧迫感",他认为推销员首先要确定自己的主要目标,并把这些目标排列出优先次序,然后进行分析,消除那些阻止完成目标浪费时间的因素。格里在时间管理实践中关键性的一个因素是:建立自己的时间管理表,并且定期抽出时间检查自己的管理实践,防止复发坏的习惯,只有充分利用好每一分钟,才能不断创造出新的价值。

从踏进学校那天起,我们就离不开课程表对学习的规划,学习时间就由一张课程表包含了。刚开始,小孩子可能不习惯,觉得被约束了,但随着学习的循序渐进,你就会收到学习时间表带来的益处:上课时集中精力,学习效果好,下课后放松娱乐,自由自在,长期坚持下来,你就会感到时间管理给你带来的好处与效用,成绩提高了,自己在成长。

由于推销工作的不固定性和随机性,推销员更应树立、提高工作效率时间的管理观念。

①制订工作目标、生活目标的时间管理计划,必要时可制订24小时的时间计划。

②组织目标实施时,确定工作的轻重缓急,按时间次序确定组织实施,力戒办事拖拉。

③提高工作时间的效率。在推销活动的组织实施中清楚自己的工作目标,在单位时间里提高工作效率,要知道自己在忙什么,多长时间能忙完,争分夺秒,重视工作时间效率,今天该干好的绝不要拖到明天。

④将同类型工作合并完成。对于用电话联系客户、节假日问候客户这一类事务性工作,可安排在专门时间集中完成,这样不仅可以使你将同类事务性工作集中管理,使之发挥最佳效果,而且也提高了工作效率,将分散的时间集中使用。另外,要提高工作效率,也可以通过"推销顾客即时沟通方式"来提高工作效率,如在工作以外的时间里,如果顾客需要,即时给予办理,这会在情感上给顾客留下助人为乐的深刻印象,给你带来意想不到的工作效率和效益。

⑤做好时间管理备忘录。工作备忘录离不开以下内容:每天的活动和安排,重要的是哪几项,需要提前准备的内容有哪些,需要提前明确和沟通的内容有哪些等。这些计划性备忘录,不仅会给你的工作带来许多方便,还可以提示工作完成程度及未完成原因。备忘录管理可以提高自己有序管理时间的能力,增加工作经验和提高工作效率。

4)个人情绪管理

故事4

心理学有一个著名实验:实验者在实验对象的手臂上纷纷放了一块试纸,并告诉他们这是一张有特殊功效的试纸,能让试纸所接触地方的皮肤变红变热。10分钟后,实验者把他们手臂上的试纸揭了下来,一看,果然发红并且也变热了。其实,这只是一张普通的纸,是实验对象的心理暗示让皮肤发生了变化。由此可见,积极的情绪可以帮助你形成良好的性格和心态,甚至影响你的身体健康。消极的情绪则容易导致自卑和自弃,从而被困难打倒一蹶不振,因此要做自己情绪的主人。

推销员的工作居行不定,既要忍受夏暑冬寒的天气,也会忍受顾客的拒绝、不理睬,甚至是冷漠和伤害,这些方面肯定会影响推销员的情绪和工作,因此,推销员情绪管理就显得日益重要。

（1）做情绪的主人

故事5

小李是一名推销员,平时工作业绩不错,但遇事常不冷静,不会控制自己的情绪,常和同行争吵,经理批评他没有涵养,他不服气,跟经理大吵起来,经理没有动怒,而是心平气和地跟他解释,讲许多成功人士的例子给他听,他听后心悦诚服,牢记着经理的一句话"做自己情绪的主人""快乐工作,不快乐也要工作,你干嘛不选择快乐工作呢?"从此以后,他经常提醒自己,主动调整自己的情绪,成为主宰自己情绪的主人。

（2）自我暗示调整情绪

自我暗示的优势可以让自己增强信心,消除畏惧和烦躁,将情绪调整好。日本武士道精神,就是要求武士在训练时反复跟自己说:我能胜,我能赢,我一定要胜,我一定要赢。久而久之这种自信心的自我暗示起了作用,可以帮助我们消除遇到困难时的恐惧情绪,获得成功的动力。

（3）情绪转移

当你情绪不佳、与顾客发生矛盾时,不妨先停下争论的问题,尽量保持微笑,营造一种友好的气氛,避免产生更大的冲突和矛盾。如果觉得马上微笑太难的话,我们也可以改成放缓呼吸,或者出去走走,等情绪稳定后再来沟通。这些方法,可以转移情绪,让你的情绪得到控制,避免情绪失控所带来的负面影响。

（4）热忱和自律的态度

推销员工作需要热忱,主动积极地为顾客服务,用积极的态度去面对工作目标和环境。另外,推销员用积极主动热忱的态度为工作服务时,并不是一味地讨好顾客,而是对自己的工作能力进行正确评估,这就是好的自律态度。因此,热忱的态度可能有积极情绪,也可能有消极情绪,而真正懂得自律的推销员,就会"知己知彼"清楚认识到负面情绪控制和引导的方法,用积极的心态和自律消除有害影响,让积极的情绪和热忱的态度主宰工作。

5）个人健康管理

知识链接

树立健商理念

健商的概念是由加拿大华裔医学专家谢华真博士首创的。

健商(HQ),是健康商数(Health Quotient)的缩写,代表一个人的健康智慧及其对健康的态度。健商,从宏观来说,指一个人已具备和应具备的健康意识、健康知识和健康能力,这三方面缺一不可。

健商包括五大要素。

自我保健——不把自己的健康都交给医生,通过健康的生活方式、乐观的生活态度控制健康。

健康知识——一个人对健康知识掌握得越多,就越能对自己的健康做出明智的选择。

生活方式——作息、饮食等生活习惯和方式,对健康的作用举足轻重。

精神健康——克服焦虑、愤怒和压抑,对健商至关重要。精神上感到满足的人,常能健康长寿。

生活技能——通过重新评估环境,包括工作和人际关系来改善生活,掌握健康的秘诀和方法。

从事推销工作的人精神应该是健康的,也就是说,他必须具备良好的职业修养和职业道德,推销员既要"赚钱",让金钱为自己的工作和生活服务,但又不能唯"钱"是图,为了利益诱惑,丧失职业道德,用假冒伪劣商品欺骗顾客,用公司资源做个人交易、拿回扣等。人一旦有了这些贪念,就会走到人生歧路上去。因此,推销员要严于律己,经受住利益的诱惑,通过合理、合法的途径获取利益,才是精神健康的体现。

如果在推销工作中出现精神萎靡不振、情绪忧郁、心情沮丧、工作没信心等心理状况,无疑会给自己的身心造成很大伤害,严重影响事业发展。相关数据表明,过度紧张、焦虑、压力过大正在成为推销员的"无形杀手"。因此,推销员要以良好的精神面貌、愉悦的工作态度、积极的工作思维来缓解工作压力,公司也可通过心理健康咨询、讲座、测试等活动来开展员工心理健康工作,积极鼓励员工参加文体活动,积极主动地学会自我安慰、自我转移和自我调节,将自己的忧伤、压力、痛苦以适宜的方式发泄出来,做情绪的主人。

当然,推销工作离不开健康的体魄和精力充沛的头脑与智慧。为此,推销员要合理安排自己的工作与生活,尽量使生活有规律。大家都喜欢与热情、积极、满面笑容的人打交道,不喜欢与身心疲惫、面无光彩、眼神呆滞的人打交道,为了在工作中给顾客留下"阳光"印象,推销员要经常锻炼身体,保持身体健康和身心敏捷,只有拥有良好的生活规律和习惯,才能获得别人的认可,才会拥有成功。

正因推销工作的特殊性,推销员在自我管理中更要重视坚强意志的培养和锻炼,通过不断的经验总结和系统管理,使自己成为一个具有自觉性、果断性、自律性、坚持性等重要品质的意志明确而又坚定的推销职业人。

【做一做】

一、经典案例阅读

对于化妆品推销员皮肤姣好、气质优雅的要求而言,小岚是个长相普通、皮肤一般的女孩。也正因为这样,面试时,她没有像往常一样紧张,而是素面朝天、落落大方、自信地回答考官的问题,结果她在50多名应试者中脱颖而出,成了被一家化妆品公司录用的五名推销员之一。

面试的成功,给了小岚许多思考。过去她常把自己定位为一个外表普通、性格内向、不善与人沟通的人,在与人交往中往往还未说话,就已脸红心跳,不知所措。自从这次面试成功后,小岚在工作中,充分运用自己学医的优势,帮助顾客分析皮肤特点,介绍皮肤保养的知识和经验,在不经意中加入对公司产品的宣传。由于小岚诚恳而自信的宣传推荐,从不夸大产品的作用,而是真心为顾客着想,她在一个月内便得到许多顾客的信任,在新人推销员工作业绩中排名第二,自己也获得了几千元的收入。

思考 1. 小岚是如何认识自己的?

2. 小岚的成功给你的启示有哪些?

3. 为什么认识自己、管理自己是事业成功的关键?

二、实践训练

[目的]

通过问题测试,了解自己的价值和健康状况。

[内容]

第一,了解自己的价值。

1. 今年我是否实现了自己的目标?

2. 我是否按照拟定的计划坚持到底? 没有的话,原因是什么?

3. 我在工作中是否尽自己最大的努力做到最好? 有哪些还可以改善?

4. 我付出得多? 还是不够?

5. 我是否有拖沓、偷懒的毛病,并因此影响了自己的工作效率?

6. 我的性格适合做推销工作吗? 不适合的话,哪些方面需要改进?

7. 我是否在工作中都能快速而准确地进行抉择?

8. 我是不是太谨小慎微或太考虑后果?

9. 我与同事相处是否融洽? 如果不融洽,原因是什么? 我有能力改善吗?

10. 我是不是因为意志力不够而使精力分散?

11. 我面对顾客时是否都耐心细致?

12. 我面对挑剔的顾客时情绪是否稳定? 情绪不稳定时,分析原因了吗?

13. 我在取得一定成绩后是否表现出骄傲的态度?

14. 我对待同事的态度是否能获得他们的尊重?

15. 我的想法是一时决定,还是根据思考和分析后得到?

16. 我是如何分配工作和休息时间的? 是否娱乐时间太多,原因是什么?

17. 我想过将一部分娱乐时间用来做有价值的事吗?

18. 明年我打算如何提高自己的工作效率? 在时间分配上要怎样做?

19. 我是如何分配自己收入的? 如果入不敷出,原因是什么?

20. 明年我打算在自己的财务管理方面如何总结和提高?

21. 我是否得到过不公正的待遇? 如果有,哪些地方不公正?

22. 如果我是老板,我会对自己的工作态度和表现满意吗?

23. 我的老板是否满意我的工作? 如果不满意,是什么原因造成的?

第二,了解自己的心理健康。

世界卫生组织提出的心理健康标准。

1. 智力正常。

2. 善于协调和控制自己的情感。

3. 具备良好的意志品质。

4. 人际关系和谐。

5. 能动地适应和改造现实环境。

6. 保证人格的完整和健康。

7. 心理年龄和生理年龄要适应。

第三,了解自己的身体健康状况。

世界卫生组织提出的人体健康标准。

1. 精力充沛,能从容不迫地应对日常生活和工作压力,而不感到过分紧张。

2. 处事乐观,态度积极,乐于承担责任,事无巨细且不挑剔。

3. 善于休息,睡眠良好。

4. 应变能力强,能适应各种环境的变化。

5. 能抵抗一般性感冒等传染病。

6. 体重适当,体态均匀,站立时头、手臂位置协调。

7. 眼睛明亮,反应敏捷,眼睑不发炎。

8. 牙齿清洁,无缺损,无痛感,牙龈颜色正常,无出血现象。

9. 头发光洁,无头屑。

10.肌肉、皮肤富有弹性,走路轻松。

[参与人员要求]

1.学生可自测,需要时老师可以讲解。

2.可按小组进行讨论和记录。

3.教师和小组可根据测试情况提出建议和意见。

[认识和体会]

通过测试,让学生认识自己心理与身体的健康要求,认识作为一个职业人所需要了解自己的哪些价值,发挥自身优势,不断调整自己的不足。

【任务回顾】

通过对本任务的学习,使我们初步掌握了推销员自我管理的要求和内容。通过测试认识自己,认识职场中的自己。

【名词速查】

1.人本管理:人本管理就是确立人在管理过程中的主导地位,继而围绕调动企业人的主动性、积极性和创造性开展的一项管理活动。

2.激励:从广义上讲,激励指调动人们的工作积极性,而狭义的理解,激励是调动人的工作积极性,促进员工保持工作热情的促进手段。

3.正强化与负强化:给予完成任务的推销员物质和精神方面的肯定和奖励,这是正强化。反之,给予未完成任务或在工作中出现消极倦怠的推销员惩戒,这是负强化。

【任务检测】

一、单选题

1.考察推销人员处理问题和临场应变能力的测试叫( )。

　　A.书面考核　　　B.面试考核　　　C.情境考核

2.对推销员的综合管理叫( )。

　　A.销售管理　　　B.人本管理　　　C.强化管理

3.对推销人员的激励方法有( )。

　　A.物质激励　　　B.精神激励　　　C.物质与精神激励

4.在管理中居于重要地位的激励内容是( )。

　　A.目标激励　　　B.强化激励　　　C.角色激励　　　D.环境激励

　　E.关心激励

5.推销员的管理是从( )开始的。

　　A.认识自己　　　B.提高工作技能　　C.制订工作计划　　D.评价工作效果

二、多选题

1.推销人员的招聘方式有( )。

　　A.内部招聘　　　B.外部招聘　　　C.自我推荐　　　D.部门推荐

2. 从事推销工作的条件有（　　　　）。
　　A. 性格外向　　　　B. 善于与人沟通　　C. 仪态自然大方　　D. 精力充沛

3. 在推销活动中体现人本管理的内容有（　　　　）。
　　A. 尊重　　　　　　B. 关心　　　　　　C. 激励　　　　　　D. 沟通

4. 对推销人员的激励管理要体现（　　　　）。
　　A. 调动工作积极性　　　　　　　　B. 保持工作热情
　　C. 发挥工作潜能　　　　　　　　　D. 促进销售

5. 推销员自我发展管理体现在（　　　　）等方面。
　　A. 认识自我　　　　B. 提高工作技能　　C. 制订工作方案　　D. 评价工作效果

6. 推销员的自我管理内容有（　　　　）。
　　A. 个人目标管理　　B. 个人财务管理　　C. 个人时间管理　　D. 个人情绪管理
　　E. 个人健康管理

三、判断题

1. 对推销员的激励等于物质奖励。　　　　　　　　　　　　　　　　　　（　　　）

2. 推销管理应体现"以顾客为本，以推销员为本"的人本管理原理。　　　（　　　）

3. 推销员只要工作业绩好，与职业道德的要求没有直接联系。　　　　　（　　　）

4. 从事推销工作的人，在自我管理中应及时调整不良情绪，提高"逆商"。（　　　）

5. 抗挫能力的培养已经成为推销员培训的重要内容之一。　　　　　　　（　　　）

四、思考题

1. 在推销管理中如何理解人本管理的原理？

2. 激励在推销员管理中起到的作用有哪些？

3. 请谈谈对自我认识的体会。

任务9　任务检测
参考答案

参考文献

[1] 臧梦璐. 减压馆：宣泄情绪成时尚消费[J]. 光彩, 2022(2)：31.

[2] 魏中龙. 直播销售员[M]. 北京：中华工商联合出版社, 2021.

[3] 王淑荣, 杜玉娥. 推销技能训练[M]. 北京：科学出版社, 2021.

[4] 崔利群, 苏巧娜. 推销实务[M]. 北京：高等教育出版社, 2021.

[5] 陆和平. 大客户销售这样说这样做[M]. 北京：中国青年出版社, 2019.

[6] 孟昭春. 成交高于一切：大客户销售十八招[M]. 北京：机械工业出版社, 2019.

[7] 周保海. 民营企业文化的发展方向研究：关于胖东来企业文化的启示[J]. 焦作大学学报, 2021, 35(3)：59-61.

[8] 阿尔伯特·哈伯德. 把信带给加西亚[M]. 张媛, 译. 哈尔滨：哈尔滨出版社, 2019.

[9] 冷湖. 销售心理学：直抵客户内心需求的成交术[M]. 天津：天津人民出版社, 2019.

[10] 周三多, 贾良定. 管理学[M]. 北京：高等教育出版社, 2019.

[11] 龚荒. 商务谈判与沟通：理论、技巧、案例[M]. 2版. 北京：人民邮电出版社, 2018.

[12] 周庆, 易鸣, 向升瑜. 给客户一个理由华为销售谈判与沟通技巧[M]. 北京：中国人民大学出版社, 2018.

[13] 吴健安. 现代推销理论与技巧[M]. 北京：高等教育出版社, 2018.

[14] 王玉苓. 商务礼仪：案例与实践[M]. 北京：人民邮电出版社, 2018.

[15] 靳澜. 营销人员商务礼仪与沟通技巧[M]. 北京：中国经济出版社, 2018.

[16] 韩笑. 董明珠传：营销女皇的倔强人生[M]. 武汉：华中科技大学出版社, 2017.

[17] 威廉·科恩, 托马斯·德卡罗. 销售管理[M]. 刘宝成, 李霄松, 译. 10版. 北京：中国人民大学出版社, 2017.

[18] 彭冬林. 中小眼镜店售后服务经典案例分析[J]. 中国眼镜科技杂志, 2017(3)：116-117.

[19] 朱祥全. 推销的境界[M]. 广州：广东经济出版社, 2016.

[20] 哈里·弗里德曼. 销售洗脑：把逛街者变成购买者的8条黄金法则[M]. 施铁, 译. 北京：中信出版社, 2016.

[21] 安迪. 销售要懂点心理学：销售心理学实战读本[M]. 北京：中国商业出版社, 2016.

[22] 郑锐洪, 李玉峰. 推销原理与实务[M]. 北京：中国人民大学出版社, 2016.

[23] 朱亚萍. 推销实务[M]. 北京：中国财政经济出版社, 2015.

[24] 崔小西. 销售口才是练出来的[M]. 上海：立信会计出版社, 2015.

[25] 郭国庆. 市场营销学[M]. 北京：中国人民大学出版社, 2014.

[26] 黄元亨. 推销实务[M]. 北京：高等教育出版社, 2011.

［27］李桂荣.现代推销学［M］.北京:中国人民大学出版社,2010.

［28］轶名.十大经典创意包装营销案例［J］.时代经贸,2010(1):92-96.

［29］刘红梅,肖冬梅.世界上最伟大推销员的15种成功法则［M］.北京:华夏出版社,2009.

［30］张与弛.中国推销员最容易犯的101个错误［M］.北京:中国商业出版社,2008.

［31］冯华亚.推销技巧与实践［M］.北京:清华大学出版社,2008.

［32］谭一平.现代推销实务与案例分析［M］.北京:中国人民大学出版社,2008.

［33］张立光.推销七字真经［M］.北京:中国纺织出版社,2008.

［34］李先国.许多推销理论与实践［M］.北京:首都经济贸易大学出版社,2008.

［35］张广源.最成功的推销员故事［M］.北京:北京出版社,2008.

［36］彦博.推销员必读［M］.北京:中国商业出版社,2008.

［37］李世宗.现代推销技术［M］.北京:北京师范大学出版社,2007.

［38］吴亚平.现代商务谈判［M］.武汉:华中师范大学出版社,2007.

［39］唐立军.现代推销理论与技术［M］.北京:中国工商出版社,2007.

［40］吴蓓蕾.把斧头卖给美国总统［M］.北京:新华出版社,2006.

［41］刘永中,金才兵.销售人员的十堂专业必修课［M］.海口:南海出版公司,2004.

［42］雷传桃.风雨坎坷路,走来"中国最伟大的推销员"［J］.公关世界,2004(8):27-29.

［43］王孝明.推销实战技巧［M］.北京:经济管理出版社,2004.